교육이론실천연구 시리즈 No. 111

지리로 가는

제주의 역사, 문화, 생태 답사

송언근 지음

교육과학사

* 이 연구는 2019년 대구교육대학교 특별 연구비로 수행되었음.

책을 내면서

일상의 공간에서 벗어나 새로운 공간에서 보낸 일상은 삶의 또 다른 도전이다. 2019년 제주대학교에서 보낸 시간도 그러하였다.

2019년 3월 7일 제주 대학교에 도착한 다음 날부터 답사를 했다. 섭지코지를 답사한 후 서귀포 쪽으로 내려가다 해안을 따라 돌로 쌓은 구조물을 보았다. 관광 안내판에는 이곳을 '온평 환해장성'이라 하였다. 처음 들은 이름이고, 처음 본 구조물이었다. 며칠 후에는 올레길 8코스를 걷다가 '연대'라는 것을 보았다. 이것 역시 처음 듣고, 처음 보았다. 읍성 답사를 꽤 했지만 이들은 처음이었다.

전공이 지형학이어서 제주도의 지형과 지질을 조금은 안다. 관심도 있다. 그런데 그 위에서 살아간 사람들이 남긴 역사와 문화에 대해서는 알지 못했고, 관심도 부족했다. 제주도에 대해 알고 있다고 생각한 나를 반성했다.

제주도만의 역사, 문화 그리고 생태를 중심으로 답사를 시작했다. 시간이 갈수록 이들이 갖는 의미가 조금씩 보였다. 물론 내 수준에서이다. 과거에는 그조차 보지 못했다. 몰랐기 때문이다. 아는 만큼 보고, 보이는 만큼 본다는 것이 딱 맞는 말이었다.

제주도에 대한 무지의 반성과 그로 인해 새롭게 알아가는 즐거움이 이 책을 집필한 계기이다. 그리고 많은 관광객들이 제주도의 카페와 맛집, 아름답고 이국적인 풍경만 즐길 것이 아니라 제주도만의 역사, 문화, 생태도 이해하였으면 하는 바람도 집필의 계기이다. 이 때문에 책의 내용도 제주도의 독특한 관방시설인 환해장성과 연대, 제주도만의 문화가 녹아있는 무덤과 용천, 그리고 제주도만의 생태인 곶자왈을 중심으로 구성하였다. 또한 '전문가가 아닌 일반인들이 조금 더 깊은 전문적인 지식으로 제주도를 맥락적으로 이해하는 데 도움이 되도록 하자'라는 생각으로 기술하였다.

반년 넘게 제주도를 답사하고, 공부하였지만 내 수준에서의 앎이어서 전문가의 눈에는 부족한 것들이 부지기수일 것이다. 그럼에도 출간을 한 것은 제주도의 땅과 사람들이 어우러져 발달한 제주도만의 역사와 문화, 제주도만의 생태를 통해 제주도를 이해하고, 사랑하는 데 아주 작은 도움이라도 되었으면 하는 바람 때문이다.

책을 쓰는 동안 여러 사람의 도움을 받았다. 제주대학교에 있는 동안 물심양면으로 도와주고, 귀한 자료까지 제공해 준 손명철 교수님에게 먼저 감사의 마음을 전한다. 제주도의 산림과 관련된 자료들을 제공해 준 제주도청 환경보전국 산림휴양과의 김태후 주무관, 제주도 상수도와 지하수 관련 자료들을 제공해 준 제주도 상하수도본부와 제주특별자치도개발공사 관계자, 제주 문화와 관련된 자료들을 제공해 준 제주민속자연사박물관의 민속자연사연구과의 관계자들, 연대와 관련된 자료를 제공해 준 아람 문화재 태윤창 부장님 그리고 여러 자료들을 복사하고, 제공해 준 제주대학교 지리교육과 교수님들과 조교 선생님, 교정을 해준 가톨릭 관동대학교 이동민 교수에게도 감사함을 전한다. 제주대학에 있는 동안 살갑게 대해준 고맙고 자랑스러운 친구인 제주대학교 수의과대학 신태균 교수에게도 고마움을 전한다. 무엇보다 고마운 사람은 같이 답사해 준 집사람이다.

제주대학교 게스트 하우스에서

2020년 1월 송언근

II. 제주의 무덤과 용천 / 105

III. 제주의 숲, 곶자왈 / 181

I

제주의 관방시설

1

환해장성

3월 7일(목) 밤늦게 제주대학교 게스트 하우스에 도착했다. 제주살이가 시작됐다. 다음날 아침, 유채꽃을 보고 싶어 하는 집사람을 위해 일출봉과 섭지코지로 갔다. 두 지역에서 원없이 유채꽃을 보았다. 늦은 점심을 먹고, 신양코지에서 신양포구 쪽으로 해안도로인 환해장성로를 따라 남쪽으로 내려갔다. 나중에서야 '환해장성로'의 의미를 알았지만 처음에는 아무런 생각없이 도로를 이용했다.

그림 1 ▌ 섭지코지 주변 지역(1: 섭지코지, 2: 신양코지, 3: 신양포구, 4: 원양수산)

원양수산을 지나다가 해안을 따라 돌로 쌓은 구조물을 보았다. 위치와 형태로 보면 바다 쪽에서의 접근을 막으려는 구조물 같았다. 그런데 높이가 낮고, 형태가 분명치 않으며, 분포도 국지적이어서 그것의 정확한 기능을 알기는 어려웠다. 이곳을 지나 남쪽의 온평 포구 부근으로 가던 도중 유사한 구조물을 다시 보았다. 여기는 형태가 분명하였다. 차를 세우고 이들을 보았다.

해안을 따라 일정한 높이로 발달해 있는 성벽 같은 구조물은 위치적으로 볼 때, 바다 쪽에서의 접근이나 공격을 막기 위한 것으로 보였다. 성벽의 내측(그림 2 참조)에는 낮은 높이의 성벽이 외측 성벽에 내벽처럼 붙어 있었다. 내벽 같은 성벽의 상단부 넓이는 이동이 가능할 정도였다. 이것은 해안 경계의 용이성과 전투 시의 공격과 방어의 효율성을 위해 만든 것처럼 보였다. 관광 안내판에 이곳은 온평 환해장성이며, 고려 시대 삼별초의 공격을 막기 위해 쌓은 성이라 적혀 있었다.

여러 읍성을 답사 하였지만 해안선을 따라 축성한 성벽은 처음 보았다. 육지에서 볼 수 있는 읍성은 타원형이고, 그 안에는 동헌, 객사 등의 건물이 있다. 이순신 장군의 옥포해전으로 유명한 거제시 옥포항에 있는 읍성도 위치는 해안이지만 형태는 타원형이었다. 그런데 온평리에 있는 환해장성은 해안을 따라서 길게 발달해 있었다.

관광 안내판에 적힌 환해장성(環海長城)의 한자적 의미를 보면, 환은 '고리'라는 뜻이다. 환(環)과 해(海), 그리고 장성(長城)의 의미로 보면, 긴 성의 모습이 마치 반지 고리 같다는 뜻이다. 제주도가 타원형이어서 해안을 따라 성벽을 쌓으면 고리같은 모습이 된다. 그래서 환해장성이라 불렀는지도 모른다.

그림 2 ❙ 온평 환해장성의 내륙 쪽 모습

그림 3 ❙ 온평 환해장성의 해안 쪽 모습

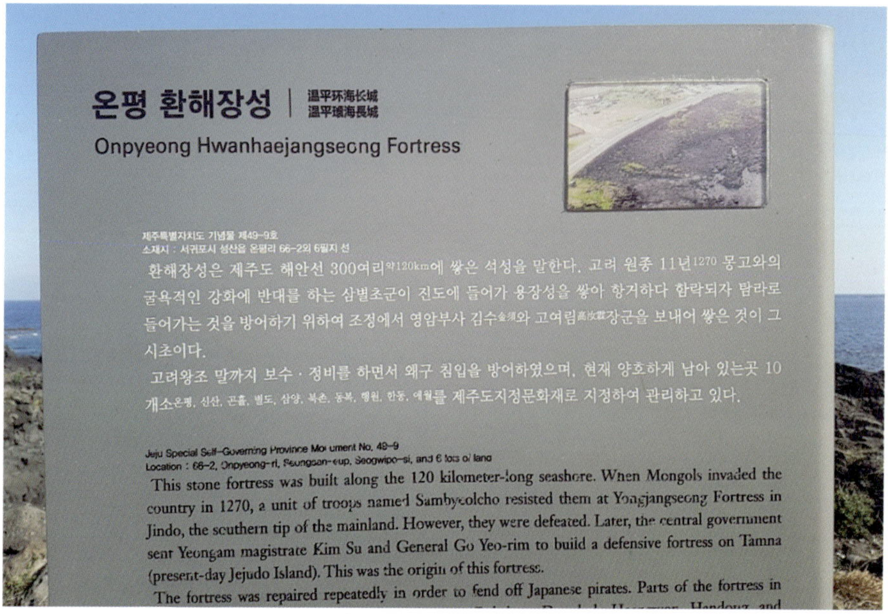

그림 4 Ⅰ 온평 환해장성 안내판

왜 제주도 해안을 성벽으로 둘러쌓았으며, 이들 성벽과 삼별초는 어떤 관계가 있는지 궁금하였다. 제주도를 방어하는 군사시설 중 제주도의 특성을 가장 잘 드러내는 관방시설인 환해장성에 대한 조사는 이렇게 시작되었다.

1) 누가, 언제, 왜 환해장성을 만들었는가?

제주도는 북쪽은 우리나라 본토, 서쪽은 중국, 동쪽은 일본, 그리고 남쪽은 오키나와, 필리핀 등으로 이어지는 해상 교통의 요충지에 위치하여 일찍부터 동북아시아 해상교통의 중심지였다. 「고려사」에도 '제주는 해외의 거진(巨鎭)이며 송나라 상인들과 왜인들이 일정한 때가 없이 수시로 왕래하는 곳이니 특별히 방호별감을 파견하여 비상사태에 대처해야 한다(김명철, 2000)'라고 언급되어 있다.

그림 5 ❙ 제주도 위치

제주도의 지정학적 중요성은 오늘날에도 마찬가지이다. 제주 해군 기지 설립의 찬·반론자를 불문하고, 이들 양자 모두는 제주의 지정학적 위치로 자신의 논지를 펼친다. 이렇게 된 데에는 우리나라 영역 가운데 제주 서남부권의 해로가 남쪽 바다 혹은 중국 대륙으로 나가는데 기동성이 가장 뛰어나다는 점이 작용했다(김일우, 2016, 288).

고려시대부터 해상교통의 요충지였던 제주도의 중요성은 1702년(숙종 28)에 제작한 탐라순력도의 한라장촉에 잘 나타난다. 지도에는 3개의 읍성(제주목, 대정현, 정의현)과 9개의 진(鎭)의 위치가 표시되어 있다[1]. 지도에서 볼 수 있듯이 제주의 핵심 군사 시설인 진은 주요 포구에 있다. 이는 제주도가 해상 교통의 중심지이기 때문에 바다로부터의 공격을 막기 위함이다.

1) 탐라순력도는 제주 목사 이형상이 숙종 28년(1702년)에 제주도를 순력하면서 제주도의 자연, 역사, 산물, 풍속, 방어시설 등을 자세히 기록한 일종의 제주지(濟州誌)이다. 그림 6에서 제주도에 있는 3개의 읍성과 진성의 이름 및 위치는 다음과 같다. 3개의 읍성은 제주 읍성(A), 정의 읍성(B), 대정 읍성(C)이다. 9개의 진성은 애월진성(1) 화북진성(2), 조천진성(3), 별방진성(4), 수산진성(5), 서귀진성(6), 모슬진성(7), 차귀진성(8), 명월진성(9) 이다.

조선시대의 읍성과 진성 뿐만 아니라 고려 시대에도 제주도의 해안을 방어하기 위한 군사시설, 즉 관방시설이 있었다. 해안을 따라 발달해 있는 올레길을 걷다가 자주 마주치는 환해장성이 그것이다. 전형적인 해안 군사시설인 이것은 육지에서 보기 힘든 제주도만의 독특한 관방시설이다.

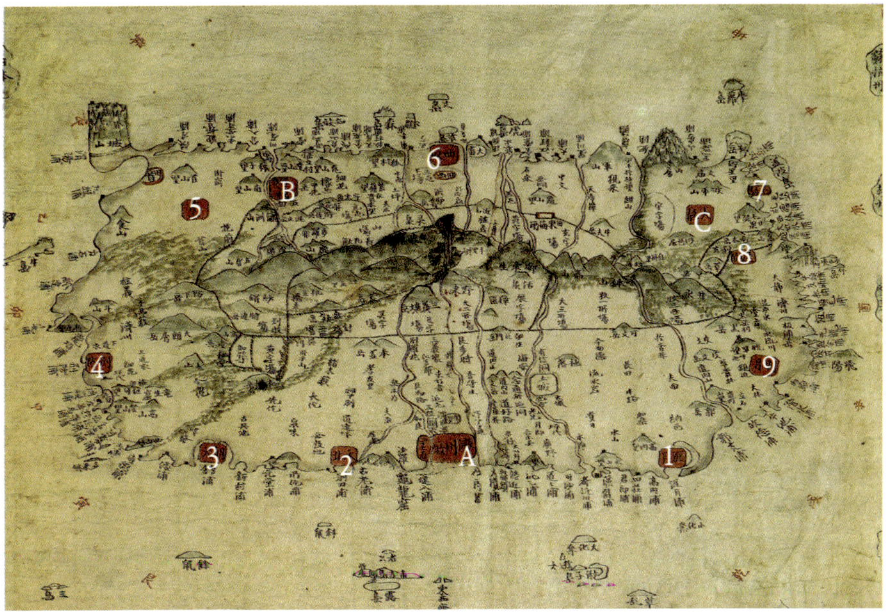

그림 6 Ⅰ 한라장촉 속의 제주도의 읍성 및 진성 위치(출처: 탐라순력도)

역사 기록에 의하면 환해장성의 축성 시기는 고려 원종 11년(1270년) 9월에서 11월 사이로 추정된다. 목적은 삼별초의 공격을 막는 것이다. 삼별초의 공격을 막기 위해 제주도 해안을 반지처럼 둘러싼 환해장성의 역사를 김보한(2017)과 김일우(2016)의 연구를 통해 살펴보면 다음과 같다.

1270년 5월 임유무가 제거됨으로서 무인정권은 붕괴한다. 원종은 이를 계기로 강화도에서 개경으로의 환도를 공포한다. 무인정권으로 부터 탈피하여 왕정복고를 꿈꾸는 원종의 유화적인 대몽정책에 반발하여 일어난 것이 삼별초의 난이다. 1270년 6월 삼별초는 세력들을 모아 대선단을 이끌고 강화도를 떠나 진도로 가서 개경 정부와 대결한다. 삼별초가 진도를 거점으로 삼은 것은 이 지역이 고려 수운 운영 체계에서 남부 지방의 조세와 공물을 실어 나르는 조운의 길목에 위치하여 무기와 공물 등의 전쟁 물자를 쉽게 조달할 수 있기 때문이다.

한편 제주도에 대한 관심은 원종 1년(1260년) 고려가 몽골에 항복 의사를 밝히고 난 이후부터 있었다. 이 때 세간에 고려가 강화도를 떠나 제주도로 천도할지 모른다는 소문이 돌았다. 잠잠하던 제주도로의 천도 이야기는 원종 9년(1268년) 개경 환도에 대한 몽골의 독촉이 거세지던 때, 재차 부상된 적이 있었다. 이로 볼 때 삼별초 봉기 직후 제주도의 전략적 가치를 누가 선점할 것인가의 문제는 개경 정부와 삼별초 모두에게 최대의 현안일 수밖에 없었다.

그림 7 I 강화도(1), 개성(2), 진도(3), 제주도(4)

개경 정부는 삼별초가 남해의 섬과 그 일대의 주군(州郡)을 아우르고 남해 바다 한 가운데 멀리 떨어져 육지에서 공략이 쉽지 않은 제주도까지 장악함으로서 남해 일대의 대 세력으로 성장하는 것을 그대로 방관할 수 없었다. 이에 개경 정부는 원종 11년(1270년) 11월 중순 삼별초가 제주도를 장악할 때까지 약 2개월에 걸쳐 제주도 해안 300여 리에 다급하게 해안 성곽을 쌓았다.[2] 고작 2개월도 되지 않은 짧은 기간에 성벽을 쌓았기 때문에 완벽한 성벽이라 보기는 어렵다. 개경 정부의 예상처럼 삼별초는 진도에 거점을 정한 지 3개월 뒤에 제주도를 공격하였다. 제주 서쪽에 위치한 오늘날 옹포리 포구 쪽으로 상륙하였다. 삼별초는 제주 관군과의 전투에서 승리하면서 제주도를 점령하였다. 삼별초 정부가 수립된 지 1년 만에 진도가 여 · 원연합군의 공격을 받아 함락되자 진도를 탈출한 삼별초의 잔여 세력은 제주로 진입하였다. 원종 14년(1273년) 4월 여몽연합군에 의해 제주도가 점령될 때까지 약 2년 반 동안 삼별초는 여몽연합군의 공격에 대비하여, 특히 기병의 상륙을 저지시킬 목적으로 환해장성의 증 · 개축을 진행하였을 것이다(김보한, 2017, 157-162).

삼별초가 제주도를 공격할 것을 대비하여 만든 환해장성을 삼별초가 고려와 몽고의 연합군을 막기 위해 증 · 개축한 것은 역사의 아이러니라 할 수 있다. 이 같은 역사적 의미를 지닌 환해장성은 주로 제주도 동쪽에 남아있다. 이는 고려 말부터 증가하기 시작한 왜구의 침략에 대비하여 환해장성의 증 · 개축이 이 지역에서 많이 이루어졌기 때문으로 보인다.

고려말 충숙왕 3년(1316년)부터 조선 시대 명종 11년(1556년)까지 240여 년

2) 기록에 의하면 고려 원종의 명으로 만든 환해장성 길이는 300여 리(120km) 정도이다. 제주도 해안선 길이가 306.3km(제주특별자치도, 2019)이기 때문에 원종이 만든 환해장성은 제주도 전 해안을 둘러싸지는 않았다. 이는 짧은 공사 기간과 서귀포 지역에 발달해 있는 높고 긴 해식애의 영향 때문으로 추정된다. 즉 제주 남쪽 지역은 해식애가 성벽 역할을 하기 때문에 굳이 이 지역까지 환해장성을 세울 필요는 없다. 반면 제주의 서쪽, 북쪽, 동쪽 해안은 넓고 평탄한 용암 대지가 발달하여 해안에서 내륙으로 접근이 쉽다. 이런 이유들로 원종 때는 짧은 공사 기간으로 제주도 전 해안이 아닌 주로 제주의 서쪽에서 동쪽을 따라 환해장성을 건설하였을 것으로 추정된다.

동안 30여 회에 걸쳐 왜구가 제주를 침탈하였다. 특히 고려 말부터 조선 초기까지 제주에는 왜구의 침입이 잦았다. 고려시대 우왕 때는 1, 2차 걸쳐 600여 척, 200여 척의 대규모 왜구의 선단이 제주도 전역을 포위했다가 격퇴당한 사례도 있었다(김명철, 2000, 46).

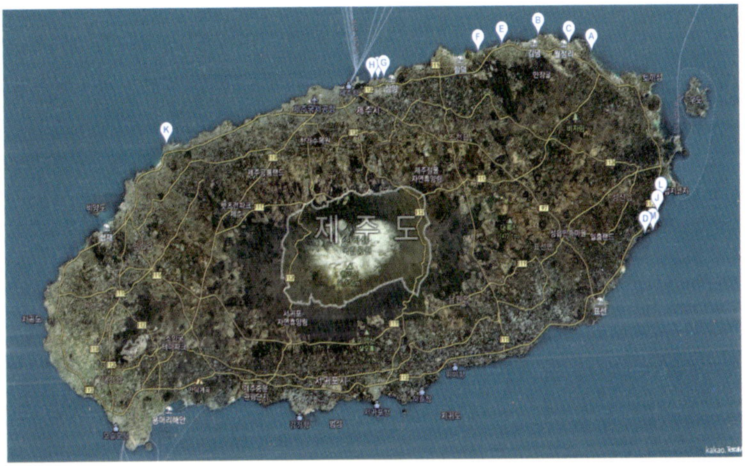

그림 8 ❙ 남아있는 환해장성 위치(A-M은 환해장성 위치, 출처: 카카오맵)

그림 9 ❙ 본토, 제주도, 일본의 위치적 관계

일본이 제주도의 북동쪽에 위치한 관계로 왜구의 침략 방향은 자연스럽게 제주도의 북동쪽에 집중된다. 이 지역으로의 왜구의 침탈을 막기 위해 성을 만든 사례 중 하나가 서귀포시 성산읍의 수산초등학교에 있었던 수산진의 축조이다.

수산진 축성은 세종 21년(1439) 제주 안무사 한승순이 올린 장계에 잘 나타난다. 그 내용을 보면 '우도는 왜선들이 숨어 정박할 정도로 요충지인데, 이 지역을 방어하는 수산에 성곽이 없어 왜적이 밤에 공격하면 군사가 의지할 곳이 없어 대응하기 어려우니 성을 쌓게 하시고, 적의 변고에 대응하게 하소서(김일우, 2016, 296-297)'라는 내용이 있다. 이로 볼 때 수산진 성벽[3)]은 제주 동부 해안으로 침입하는 왜구를 막기 위해 축성한 것임을 알 수 있다.

그림 10 Ⅰ 수산진과 주변 지역의 위치(1:수산초등(수산진터), 2:성산일출봉, 3;섭지코지, 4:오조포구)

3) 기록에는 수산진의 둘레는 352.7m, 높이는 4.8m 이다. 현재 수산진의 성벽은 수산초등학교의 담장 역할을 한다. 남아있는 성벽의 높이를 보면 정문 쪽 성벽 높이는 3m 정도이다. 성벽 내측은 그림 12에서 보듯이 3.3m 정도의 넓고 편평한 단으로 되어 있다. 이것과 성벽은 0.8m 전후의 비고를 갖는다.

그림 11 ▎수산진의 출입구(수산초등의 입구)와 서쪽 성벽

그림 12 ▎수산진의 남서쪽 성벽(수산초등 남서쪽 담장)

그림 13의 탐라순력도에 있는 수산성조는 수산진에서 군사들이 훈련하는 모습을 그린 것이다. 그림에서 숙종 28년(1702년) 당시 수산진성과 구수산고성[4]의 위치와 모습을 볼 수 있다.

제주도 북동부 지역은 왜구의 침략뿐만 아니라 헌종 11년(1845년)에는 이양선이 제주도 연안과 섬을 측량하기 위해 정박하였던 곳이다. 제주도 동쪽의 우도가 그곳이다. 당시 제주목사 권직은 5개월 뒤 이양선이 정박하였던 우도에 환해장성을 신축하였다(김일우, 2016, 290). 이들로 볼 때 제주도 북동쪽의 환해장성들은 왜구의 침입을 막기 위해 지속적으로 증·개축되었을 것으로 추정된다. 이것이 제주도 동쪽의 환해장성들이 오늘날까지 유지된 이유로 보인다.

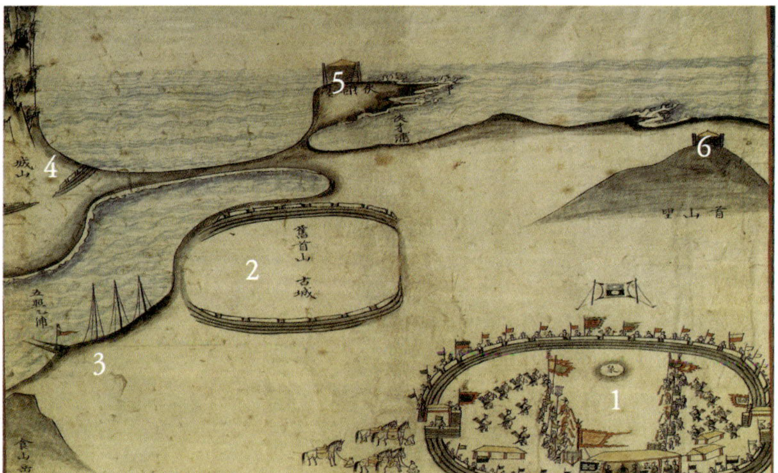

그림 13 I 수산성조(출처: 탐라순력도, 1: 수산진성, 2: 구수산 고성, 3: 오조포구, 4: 일출봉, 5: 협자연대, 6: 수산봉수)

4) 수산진의 위치는 두 번 바뀌었다. 세종 21년 현 위치에 수산진이 축성되었다. 임진왜란이 일어난 선조 30년(1597)에 성산을 천연의 요새로 보고, 일출봉 밑으로 옮겨 원래의 수산진은 폐쇄되었다. 그러나 2년 뒤에 다시 원래의 위치로 수산진을 옮겼다. 이 같은 위치 변화는 수산진이 바다로부터 내륙으로 10리나 떨어져 있어 해안 방어에 불리한 위치를 가졌기 때문이다(김일우, 2016, 298-299). 성산일출봉 밑으로 옮겼던 곳은 그림 10과 13을 비교했을 때, 오조 포구(그림 10의 4)의 남쪽으로 보인다. 그림 13의 구수산 고성(舊首山 古城)은 성산 일출봉 쪽으로 옮겼던 수산진이다.

한편 오늘날은 '환해장성'이라 불리지만, 문헌에는 고장성(古長城), 장성(長城), 환해장성(環海長城), 만리장성(萬里長城) 등으로 다양하게 나타난다. 지금처럼 환해장성으로 보편화된 것은 김석익이 1918년에 편찬한 「탐라기년」에 이를 사용하면서부터로 보고 있다(김일우, 2016, 290).

2) 남아있는 환해장성

(1) 신산 환해장성

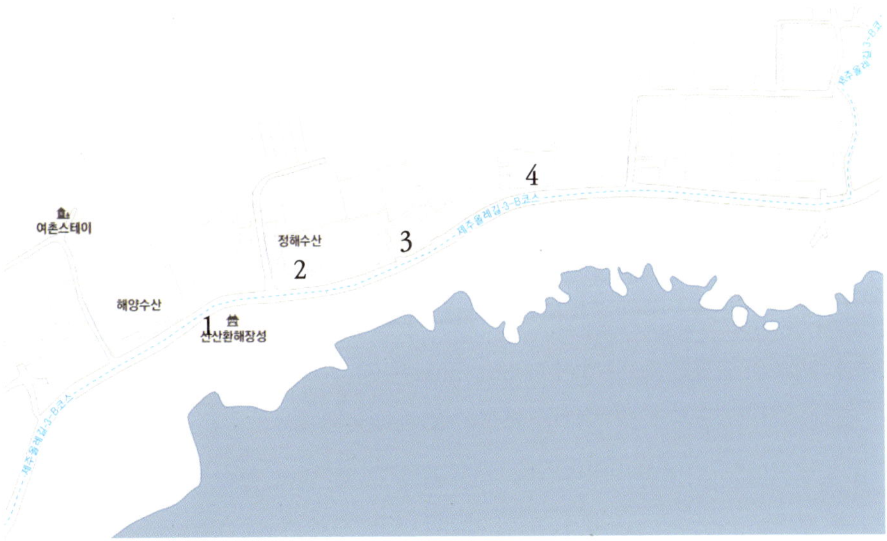

그림 14 ❙ 신산환해장성과 주요 지역(1: 신산환해장성, 2: 정해수산, 3: 신산위생처리장, 4: 천일수산, 점선: 올레길 3-B 코스)

그림 15 I 그림 14 위치와 범위

서귀포시 성산읍 신산리의 신산포구에서 환해장성로이자 올레길 3-B 코스인 해안도로를 따라 북동쪽으로 1km 쯤 가면 환해장성이 나타난다. '신산 환해장성'이라 불리는 이곳은 제주도에 남아 있는 환해장성 중 가장 남동쪽에 있다. 환해장성의 길이는 정해수산에서 천일수산 사이 500m 정도이다. 이 중 정해수산과 신산위생처리장 사이의 300m 정도는 보수되었다.

환해장성은 해안과 내륙의 경계부인 파식대지가 끝나는 부근에 건설되어 있다. 성벽은 내·외벽의 이중 구조(그림 16 참조)로 되어 있다. 바다를 향한 곳에 외측 성벽이 있고, 그것의 내측에 한단 낮은 성벽이 붙어있다. 외측 성벽의 높이는 현무암 돌무지에서 1.5m 정도이고, 성벽의 위쪽 폭은 90cm 정도이다. 내측 성벽은 외측 성벽보다 1.5m 낮고, 그것의 상단부 폭은 1.5m 정도이다. 위치와 구조로 볼 때, 이곳은 이동의 통로이자 경계의 장소로 이용되었을 것으로 보인다.

그림 16 ▎정해수산에서 신산위생처리장 사이 환해장성의 내측 모습

신산위생처리장에서 천일수산 사이의 환해장성은 신산위생처리장을 중심으로 서쪽(사진 18의 우측)은 보수된 성벽이고, 동쪽(사진 18의 좌측)은 보수되지 않은 성벽이다. 신산위생처리장 동쪽의 보수되지 않은 환해장성은 내·외측 성벽의 돌들이 모두 무너져 원형을 파악하기 어렵다. 특히 그림 19에서 보듯이 성벽의 외측은 파식대지에서 이어지는 현무암 돌무지와 경계를 구분하기 힘들 정도이다. 이 구간에 일부 남아있는 성벽 원형을 토대로 측량한 결과 내측 성벽의 높이는 2.5m 정도였다.

그림 17 ❙ 정해수산에서 신산위생처리장 사이 환해장성의 외측 모습

그림 18 ❙ 신산위생처리장에서 천일수산 사이 환해장성
(흰색 점선을 경계로 보수된 성벽과 그렇지 않는 성벽이 나누어짐)

그림 19 ❙ 신산 위생처리장에서 천일수산 사이 환해장성
(사진 우측 끝의 옅은 노란색 건물: 신산 위생처리장)

(2) 온평 환해장성

성산읍 온평리에 있는 환해장성의 전체 길이는 4km 정도이다. 그러나 이 구간의 환해장성은 국지적이고, 단편적으로 분포한다. 이로 인해 온평 환해장성은 지역별로 구간을 나누어, 남쪽에서 북쪽으로 가면서 '온평 환해장성 4구간, 2구간, 1구간, 3구간'이라 부른다.

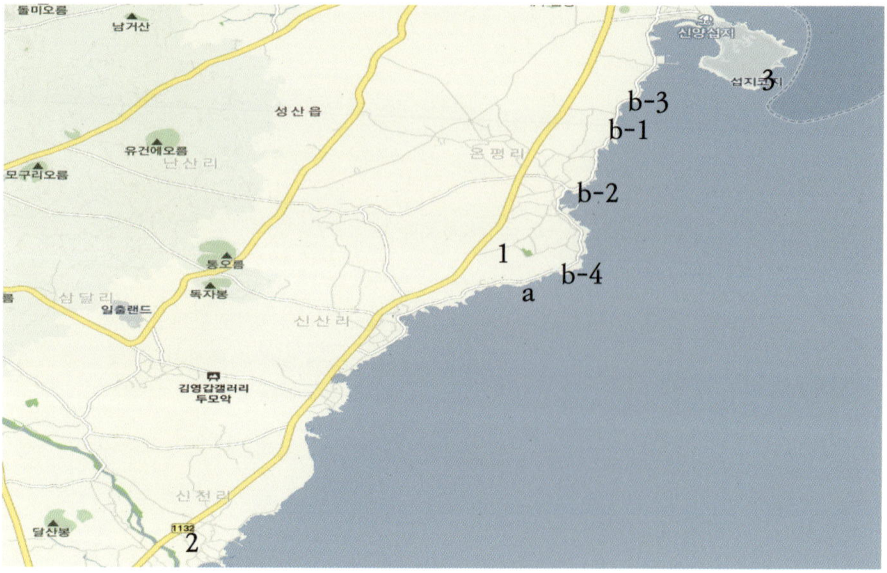

그림 20 I 신산 환해장성(a), 온평 환해장성(b-4: 4코스, b-2: 2코스, b-1: 1코스, b-3: 3코스), 말등포 연대(1), 천미 연대(2), 협자 연대(3)

그림 21 I 그림 20의 위치와 범위

이들 네 구간 중 답사할 가치가 있는 곳은 4구간과 2구간이다. 이 중에서도 2구간의 환해장성은 보수된 것과 보수되기 전의 원형을 같이 볼 수 있어 환해장성을 이해하는데 가장 좋은 곳이다. 반면 1구간의 환해장성은 국지적으로 분포할 뿐만 아니라 이마저 대부분이 훼손되었고, 3구간은 지도상에는 위치가 표시되어 있지만 성의 흔적을 찾기가 쉽지 않다.

① 온평 환해장성 4구간

온평 환해장성 4구간은 온평리에 나타나는 첫 성벽이다. 이곳의 위치는 해안도로를 따라 이어지는 올레길 3-B 코스가 신산리와 온평리의 경계를 따라 북쪽으로 꺾기는 지점에서 해안도로를 따라 북동쪽으로 350여 m 지점에서부터 나타난다.

그림 22 ❙ 온평 환해장성 4구간(1), 점선: 올레길 3-B 코스

그림 23 Ⅰ 온평 환해장성 4구간의 성벽 외측 경관

그림 24 Ⅰ 온평 환해장성 4구간의 성벽 내측 경관

환해장성의 내·외측 성벽은 대부분 무너져 내린 상태이다. 특히 바다 쪽의 외측 성벽이 많이 무너져 성벽과 그 앞의 현무암 돌무지 간의 경계가 모호하다(그림 23 참조). 외측 성벽의 일부 구간에서는 1.3m 정도의 높이를 가진 원형의 성벽을 볼 수 있지만 이 역시 국지적이다. 내측 성벽 역시 원형을 찾기 어렵지만 외측 성벽보다는 상대적으로 양호한 편이다. 이로 인해 일부 구간에서는 과거 경계와 이동의 통로로 이용되었던 내측 성벽의 상단부 잔재를 확인할 수 있다(그림 24 참조).

② 온평 환해장성 2구간

그림 25 ❙ 온평 환해장성 2코스 중 보수된 성벽(1), 보수되지 않은 성벽(2), 올레길 2코스(점선)

그림 26 Ⅰ 온평 환해장성 2구간의 보수된 성벽과 보수되지 않은 성벽

온평 환해장성 2코스는 온평 포구에서 해안도로를 따라 이어지든 올레길 2코스가 내륙 쪽으로 꺾이는 부근에서 시작된다. 이곳에서 300m 정도는 보수되었고, 이 보다 북동쪽은 보수 되지 않았다.

보수된 성벽 규모를 보면 내측 성벽 높이는 1.4~2.7m이고, 이곳의 상단부 폭은 1.4m 이다. 외측 성벽의 높이는 2.7m이고, 그것의 상단부 폭은 1.2m 정도이다. 내 · 외측 성벽을 합친 전체 성벽의 폭은 3m가 조금 넘는다. 이 같은 높이와 폭으로 성벽을 보수한 것은 보수는 되지 않았지만 상당히 남아있는 원형의 크기를 고려한 것으로 보인다. 이는 보수 된 성벽과 보수 되지 않은 성벽의 크기가 유사한 것에서 알 수 있다(그림 26 참조).

보수되지 않은 환해장성은 그림 29와 30에서 보듯이 내측 성벽의 돌들이 무너졌지만 성벽의 형태는 상당히 남아있고, 내측 성벽 상단부는 과거에 이곳이 이동 통로였다는 것을 알 수 있을 정도로 일정 폭을 갖고 있다. 이곳과 외측 성벽 간에는 1.3m 정도의 비고가 있다. 이것도 보수된 성벽과 유사하다. 외측 성벽은 4구간 환해장성보다는 원형이 보전되어 있지만, 내측 성벽에 비해서는 성벽 돌들이 많이 무너진 상태이다.

그림 27 ❙ 온평 환해장성 2구간의 보수된 내측 성벽

그림 28 ❙ 온평 환해장성 2구간의 보수된 외측 성벽

그림 29 ❙ 온평 환해장성 2구간의 보수되지 않은 내측 성벽

그림 30 | 온평 환해장성 2구간의 보수되지 않은 외측 성벽

③ 온평 환해장성 1구간

그림 31 | 온평 환해장성 1구간 전경

이 구간의 환해장성은 대부분 무너져 내렸고, 높이도 1m 전후이다. 특히 바다쪽의 성벽들은 형태를 파악하기가 어려울 정도로 무너져, 성벽 앞에 있는 현무암 돌무지와 구분되지 않을 정도이다. 이곳을 지나가도 낮은 돌담 같은 구조물이 무엇인지 알지 못할 정도로 훼손되었다. 그러나 아주 국지적이지만 그림 32에서처럼 환해장성 1구간 동쪽 끝 부근에는 2m가 넘는 성벽이 잔존한다.

그림 32 ǀ 온평 환해장성 1구간에서 상대적으로 보전이 양호한 곳

④ 신산, 온평 환해장성 주변의 또 다른 관방시설

바다로부터 침략하는 적을 막기 위해 환해장성이라는 성벽을 쌓았다면 바다로부터 접근하는 적의 움직임을 관측할 수 있는 시설이 있어야 한다. 제주도로 침략하는 적들은 모두 배를 타고 들어오기 때문에 해안에 접근하기 이전부터 배들의 움직임을 지속적으로 관측해야 하기 때문이다. 다음 장에서 상세히 설명하겠지만 이런 역할을 하는 시설이 연대(煙臺)이다. 이름 그대로 적을 관측하여 낮에는 연기로, 밤에는 불로 연락하는 일종의 통신시설이다. 이것은 제주도에서

볼 수 있는 것으로 일종의 '해안 봉수대'이다.

신산과 온평 환해장성 주변에도 바다를 관측하기 위한 연대가 있다. 말등포 연대가 그것이다(그림 33 참조). 이것은 온평리 환해장성 4구간에서 내륙 쪽으로 700여 m 떨어진 곳에 있다. 연대의 일반적 형태는 하단이 넓고 상단이 좁은 마름모꼴이다.

그림 33 | 말등포 연대

말등포 연대는 해안 관측을 용이하게 하기 위해 주변보다 높은 곳에 높이 3.6m, 하단 폭 10.4×10.5m, 상단 폭 9.4×9.9m의 마름모꼴로 축조되었다. 말등포 연대 정상부에 올라가면 현재는 나무가 우거져 해안이 부분적으로 보이지만 연대를 활용하였을 과거에는 이곳에서 온평리와 신산리 해안은 뚜렷하게 보였을 것이다. 이 같은 기능을 한 말등포 연대는 제주도 기념물 23호로 지정된 23개의 연대 중 원형이 가장 잘 보전되어 있다.

바다는 넓고, 경계가 없기 때문에 연대들은 인접한 연대와 긴밀히 연락하면서 협력적으로 관측한다. 말등포 연대(그림 20의 1)는 서쪽 6.9km 떨어진 천미 연대(그림 20의 2)와 동쪽은 5.3km 떨어진 섭지 코지 상에 있는 협자 연대(그림 20의 3)와 상호 연락을 취하였다.

그림 34 I 천미 연대

천미연대는 서귀포시 성산읍 신천리 마을 안에 있으며, 천미 포구로부터 내륙으로 500m 쯤 떨어져 있다. 대부분 연대는 정상부로 올라가는 계단이 있는데 천미 연대에는 없다. 특이하게도 연대 정면 상부에 몇 개의 계단이 보일 뿐이다(그림 34 참조). 연대의 크기는 상부는 7.2m×7.4m, 하부 7.8m×7.9m이고, 높이 3.6m 정도이다.

천미 연대는 특히 명종 7년(1552년)에 있었던 천미포란과 관련이 깊다. 1552년 5월 왜구들이 현 성산읍 신천리 동쪽에 있었던 천미포로 침입하였다. 이를 천미연대와 토산 봉수대가 먼저 발견하여 연락하고, 이를 통해 관군, 그리고 상천, 하천, 신천리의 백성들이 혼연일체가 되어 왜구를 무찔렀다. 이후 천미 연대의 중요성은 더욱 부각되었다(제주특별자치도 마을 약사).

협자 연대는 섭지코지 상에 있다. 육계도인 섭지코지에 위치하기 때문에 연대의 고도가 높다. 주변보다 높은 고도의 육계도상에 있어 동서남북 모든 방향으로의 관측이 용이하고, 관측 범위도 넓다. 이런 장점으로 다른 연대나 봉수대와 교신하기도 좋다. 연대는 상부가 8.6m×8.6m이고, 하부는 9m×8.9m인 장방형의 마름모꼴이며, 높이 3.1m이다.

섭지코지에 있는 협자연대는 탐라순력도의 수산성조에도 나타난다(그림 13 참조). 그림 13에서 5번 지점이 협자연대이다. 이 뿐만 아니라 수산성조에는 수산진과 섭지코지 사이의 대수산봉 정상에 있는 수산 봉수대도 표시되어 있다. 탐라순력도를 만든 이형상이 제주 목사로 있었던 시기가 1702년에서 1703년이기 때문에 협자연대와 수산 봉수대는 적어도 그 이전부터 제주도 동쪽으로 접근하는 왜구들을 감시하였다는 것을 알 수 있다.

그림 35 ❙ 섭지코지 상에 있는 협자 연대(출처: 네이버 지식백과)

(3) 화북(별도)[5] 환해장성

① 환해장성의 특징

제주시 화북동의 화북포는 조천포와 더불어 조선시대에 육지와 뱃길을 이어주던 2대 포구 중 하나로서 대부분의 유배객과 벼슬아치들은 이 포구를 통해 제주로 왔다. 송시열과 김정희 그리고 최익현도 유배객으로서 이 포구를 통해 제주도에 들어왔다. 이 뿐만 아니라 1555년의 을묘왜변 당시에 1천여 명의 왜구들도 이 포구를 통해 제주를 공격했다(신정일, 2012).

그림 36 I 화북(별도)포구(1), 포구쪽 환해장성과 별도 연대(2), 벌랑 쪽 환해장성(3), 화북진터(4), 오현고등(5)

5) '화북(禾北)과 별도(別刀)'라는 지명은 여러 번 바뀌었다. 1600여 년까지는 별도라고 불렀으면, 1653년에는 별도를 화북으로 개편하였다. 1843년에 다시 별도로 개편하였다가 1908년부터 화북으로 부르고 있다. 따라서 여기서는 화북을 중심으로 별도를 같이 사용하도록 한다.

그림 37 ❙ 그림 36의 위치와 범위

화북포의 중요성은 삼별초 선발대와 고려 정부군의 전투가 이 부근에서 이루어진 것에서도 알 수 있다. 1270년 원종 11년 11월, 이문경의 지휘 아래 삼별초 선발대는 오늘날 한림읍 옹포리 포구인 명월포에 상륙하여 동쪽으로 이동하여 현재의 오현고등학교 부근에 있었던 동제원에 진을 쳤다. 이곳은 화북 환해장성에서 서쪽으로 1.2km 지점이다. 이문경 부대는 영암 부사 김수가 지휘하는 200명의 병력과 개경 정부가 파견한 고여림의 부대를 합친 1,000여 명의 방어군을 동제원 인근의 송담천 전투[6]에서 전멸시키면서 제주도에 거점을 확보하였다(한국 콘텐츠진흥원, 삼별초 문화원형: 이문경).

당시 제주도 방어군은 화북 포구 일대에 삼별초의 공격에 대비하여 방어 시설을 구축하였을 것이며, 이것은 오늘날 남아있는 별도(화북)환해장성으로 추정

6) ≪신증동국여지승람(新增東國輿地勝覽)≫ 제주목고적조(濟州牧古跡條)에, "동제원은 주 동쪽 9리에 있다. 남은 터가 있는데, 곧 이문경이 군사를 진쳤던 곳이다."고 하였고, "송담천은 주 동쪽 13리에 있다." 이 기록으로 볼 때, 송담천은 현 오현고등 부근에 있었던 동제원보다 동쪽으로 1.6km 정도 떨어져 있었던 것으로 추정된다.

된다. 아마도 당시 송담천 전투에서 화북 환해장성에 있었던 방어군들도 모두 전사하였을 것이다. 이 전투 이후, 화북 환해장성은 삼별초를 막던 기능에서 여몽연합군을 막는 기능으로 바뀌었을 것이다.

이 같은 역사를 가진 화북(별도) 환해장성은 제주항 동쪽 1.8km 지점에 있는 화북(별도) 포구의 동쪽 곶에 위치하며, 올레길 18 코스 상에 있다. 현재 남아있는 성벽은 화북 포구에서 벌랑까지 620여 m이다. 이 중 화북 포구에서 동쪽으로 300여 m는 보수, 정비된 곳이다. 따라서 이곳은 전체 620m 구간 중에서 환해장성의 형태를 가장 잘 볼 수 있으며, 성벽으로의 접근도 좋다.

그림 38과 39는 화북 포구 쪽 환해장성이고, 그림 40, 41, 42는 벌랑 쪽의 환해장성이다. 이들에서 보듯이 환해장성은 파식대지의 내륙 쪽 경계부에 위치하여 해안선을 따라 육지를 감싸듯이 발달해 있다. 이는 제주도로 접근하는 적들이 내륙 쪽으로 넘어오는 것을 원초적으로 막겠다는 목적과 더불어 만조시 성벽이 침수되는 것을 막기 위한 위치 선정이다.

강창언의 연구(1991)에 의하면 잔존하였던 성벽의 높이는 3.8m 였고, 너비는 1.8m 정도였다. 성은 하단에는 큰 돌을, 상단에는 작은 돌을 허튼층 쌓기로 올리고, 그 내부에는 잡석을 채워서 쌓는 형식으로 축조하였다.

이곳 환해장성은 앞에서 이야기하였듯이 축성 초기에는 삼별초의 공격을 막는데, 삼별초가 제주도를 점령한 뒤에는 여몽 연합군의 공격을 막는데 사용되었다. 그리고 고려 말에서 조선시대에는 왜구의 침략을 막는데 사용되었다. 무려 700여 년 동안 화북 포구 주변의 해안을 지킨 성벽이 바로 화북 환해장성이다.

그림 38 Ⅰ 화북(별도) 포구 쪽 환해장성 1(사진 오른쪽 끝: 별도 연대)

그림 39 Ⅰ 화북 환해장성 2(화북 포구에서 별랑 방향)

화북 포구 부근의 환해장성이 보수, 정비된 것이라면, 화북 포구의 동쪽에 있는 벌랑 지역의 환해장성은 보수되지 않은 상태이다. 그런데 벌랑 쪽 환해장성은 보수는 되지 않았지만 제주도에 남아있는 보수되지 않은 환해장성 중에서는 원형이 가장 잘 보전되어 있다.

벌랑 쪽의 환해장성 역시 내·외벽의 이중 구조로 되어 있다. 외벽 중 높은 곳은 4m 정도이고, 낮은 곳은 2.5m 정도이다. 외벽의 내측에는 1.2~1.5m 정도 낮은 내벽이 있다. 남아 있는 내벽의 상단부 폭은 넓은 곳은 1m, 좁은 곳은 0.4m 정도이다(그림 42 참조). 신산과 온평 환해장성에서 보았듯이 내벽 상단부는 성벽을 지키는 병사들의 이동 통로로 활용되었을 것이다. 또한 필요시 병사들은 외·내벽의 높이 차를 이용하여 보다 안전하게 바다 쪽을 경계하였을 것이다.

그림 40 Ⅰ 화북 환해장성 3(벌랑에서 화북 포구 방향의 환해장성)

그림 41 ❙ 화북 환해장성 4(벌랑 방향의 환해장성)

그림 42 ❙ 벌랑 지역 환해장성의 내·외벽 모습과 내벽의 상단부 모습

② 환해장성 주변의 또 다른 관방시설

화북(별도) 환해장성에서도 이 지역의 해안을 관측하였던 연대를 볼 수 있다. 별도 연대라고 불리는 이것은 환해장성 뒤쪽 60m 지점에 있다(그림 44 참조). 신산 · 온평 환해장성과 관련된 말등포 연대는 해안에서 700여 m, 천미 연대는 해안에서 500m 쯤 떨어진 곳에 있는데 비해 별도 연대는 해안에 인접하여 환해장성 속의 한 부분처럼 있다. 현재의 별도 연대는 과거부터 있던 것이 아니라 붕괴되었던 것을 1998년 고증을 거쳐 2001년 복원한 것이다. 복원한 연대의 높이는 2.5m, 장축은 9.1m, 단축은 8.74m이다(한국자치경제연구원, 2012, 34).

별도 연대는 그림 43의 탐라순력도 화북성조에서도 확인할 수 있다. 화북진성의 군사 훈련을 그린 화북성조에는 화북진성 동쪽 끝에 연대가 표시 되어 있다. 환해장성은 표시되지 않았는데 연대가 표시되어 있다는 것은 그것이 제주도 해안을 지키는 중요한 관방시설이라는 것을 의미한다. 그림 속 연대가 있는 곳은 현재의 화북 환해장성이 위치한 곳이다.

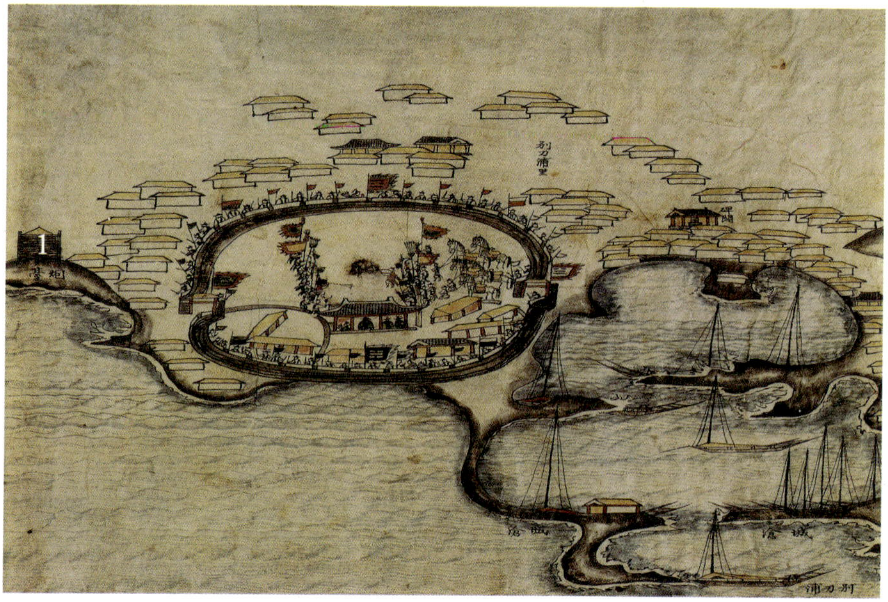

그림 43 Ⅰ 화북성조(출처: 탐라순력도, 1:별도 연대)

그림 44 ❙ 화북 환해장성 내의 별도 연대

별도 연대 안내판에는 '이곳은 서쪽 2.4km에 있었던 사라봉의 사라 봉수와 동쪽 2.6km에 있었던 원당봉의 원당 봉수와 연락했다'라고 되어 있다. 그림 45에서 볼 수 있듯이 별대 연대 서쪽에 148m 고도의 사라봉, 동쪽에 170m 고도의 원당봉이 있다. 그림 46과 47에서 보듯이 별도 연대에서 사라봉과 원당봉이 또렷하게 보인다. 이는 별도 연대와 이들 지역 간에 연락이 용이하였다는 것을 의미한다.

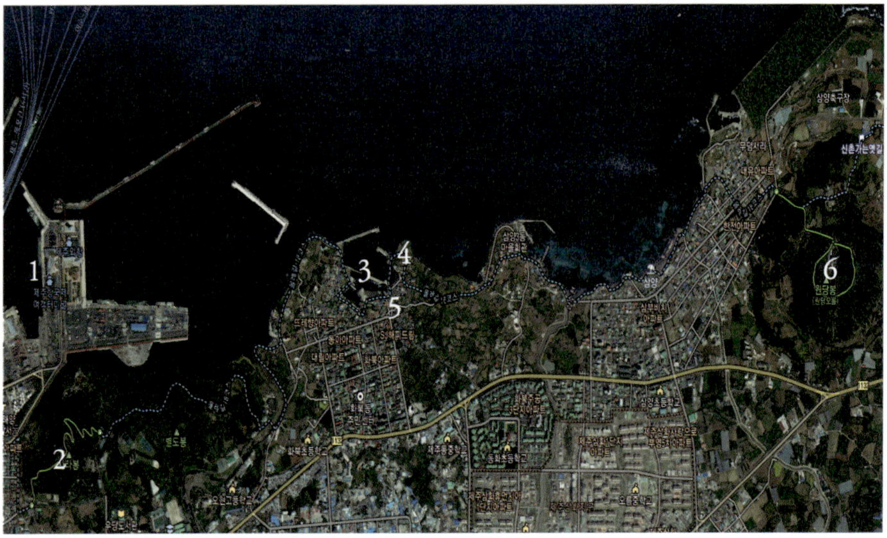

그림 45 Ⅰ 제주항(1), 사라봉(2), 화북(별도) 포구(3), 별도(화북) 연대(4), 화북진(5), 원당봉(6)

그림 46 Ⅰ 별도 연대에서 본 원당봉

그림 47 ǀ 별도 연대에서 본 별도봉(앞쪽)과 사라봉(뒤쪽)

사라와 원당 봉수대는 고도와 위치로 볼 때, 해안에서 원거리 관측의 장점이 있다. 반면 별도 연대는 해안의 낮은 곳에 있어 근거리 관측을 하지만 봉수대보다 정밀하게 관측할 수 있다. 이들이 서로 연락을 취하였다는 것은 각자의 장점을 토대로 긴밀히 연락하면서 화북 포구 주변을 감시했다는 것을 의미한다.

사라 및 원당 봉수대와 별도 연대의 협력을 통해 만약 이상한 선박을 발견한다면 그와 관련된 정보를 보다 상위 기관에 보고해야 한다. 많은 군사들이 출동하여 전투를 하거나 경계를 강화해야 하기 때문이다. 화북 포구 주변에 있는 봉수대와 연대가 수집한 정보들을 보내는 곳은 화북진(禾北鎭)이다.

그림 48 I 화북진의 서쪽 성벽

조선시대 제주도에는 핵심 군사 기지인 진이 9개 있었다. 화북진은 이들 중 하나로서 화북포구 동쪽에 있었다. 화북진의 안내판에 의하면 성의 높이는 11척(3.5m 정도)이고, 둘레는 303보[7]이며, 동서에 두 개의 문이 있었고, 북성 위에 망양정이 있었다. 탐라순력도의 화북성조 기록에 의하면 당시 성안에는 172명의 군인이 있었다. 현재 화북진터는 화북 청소년 문화의 집으로 이용되고 있다. 남아있는 화북진의 잔재는 서쪽과 북쪽 성벽 일부이다. 이중에서도 형태가 뚜렷한 곳은 서쪽 성벽이다.

7) 김명철(2000)이 지적도 및 실측에 의해 추정한 화북진의 둘레는 187m이다.

(4) 조천 환해장성

① 환해장성의 특징

그림 49 ▎동제원(현 오현고등, 1), 화북포구(2), 죽도(3), 조천포구(4), 관곶(5), 환해장성(▬)

그림 50 ▎그림 49의 위치와 범위

「신증동국여지승람」 '제주목고적조(濟州牧古跡條)'의 기록에는 '제주 방어군 1,000여 명을 모두 죽인 이문경은 조천포에 웅거하였다'라고 되어 있다(한국콘텐츠진흥원 문화콘텐츠닷컴). 이문경의 부대가 제주도 서쪽의 명월포로 들어와 동쪽으로 이동하여 진을 친 곳도, 전투를 한 곳도 화북 포구 인근의 동제원(현 오현고등) 부근이다. 그런데 전투 후에는 화북 포구에서 동쪽으로 6.5km 정도 떨어진 조천 포구로 갔다. 「신증동국여지승람」에 기록된 '웅거'의 사전적 의미로 보면 이문경 부대는 그곳을 차지하여 굳게 막고 있었다.

삼별초의 선발부대가 제주도에서 목숨을 건 전투에서 승리한 후 제주도의 교두보로 조천 포구를 선택하여 웅거하였다면 그곳은 전략적으로 아주 중요한 곳이다. 제주도에서 전략적으로 중요한 곳은 외부로부터 들어오는 적을 감시하고, 방어와 공격을 하는데 좋은 위치적 · 지형적 조건을 가진 곳이다.

이 같은 맥락에서 조천 포구를 보면 이곳의 동쪽에는 제주도 북쪽에서 가장 큰 곶인 관곶이 있고, 서쪽에는 죽도가 있다. 조천 포구는 이들에 둘러싸여 있어 천혜의 자연조건을 가진 포구이다. 포구로서의 기능뿐만 아니라 군사적으로 보아도 바다 쪽으로 길게 돌출된 관곶은 주변 해안을 감시하는데 더 없이 좋은 곳이다. 또한 조천 포구 주변에는 용천들이 있어 성을 만들 때 가장 중요한 식수 확보에도 좋다. 이런 조건들로 조천 포구를 선택했을 것으로 보이는 이문경 부대가 전투에서 승리한 후 포구에 웅거하기 위해서 해야 할 첫 번째는 주변에 성을 쌓거나, 또는 이미 만들어진 성이 있다면 이것을 튼튼하게 증 · 개축하는 것이다. 그것을 통해 방어와 감시에 만반을 기할 때 비로소 진도의 본 진이 도착할 동안 안전하게 웅거할 수 있다. 삼별초가 최초로 만들었는지 아니면 제주도 방어군이 만들었는지 알 수는 없지만 관곶의 말단부 해안 일부 지역에는 환해장성으로 추정되는 성벽들이 국지적으로 잔존한다.

관곶에서 환해장성을 볼 수 있는 곳은 제주시 수산업 협동조합 조천어촌계에서 운영하는 전복 양식장 부근이다. 양식장 출입구에서 해안을 따라 북서쪽으로 60m 쯤 올라가면 환해장성이 나타난다. 환해장성의 길이는 약 150m 정도이며,

이 구간에서도 중간 지점에서 마지막까지의 약 70m 구간의 성벽이 상대적으로 뚜렷한 형태를 보인다. 이 구간의 환해장성 특징은 다음과 같다.

환해장성의 위치는 다른 지역과 마찬가지로 파식대지가 끝나는, 즉 내륙과 해안의 경계 부근에 있다. 이곳에 잔존하는 조천 환해장성은 성벽의 상단부 폭은 2.4m에 이를 정도로 상당히 넓다(그림 51 참조). 이 폭은 보수된 신산 환해장성의 상단부보다는 1.5m, 온평 환해장성 2구간의 상단부보다는 1.2m가 더 넓다. 그리고 화북(별도) 환해장성의 상단부보다는 0.9~1.4m 넓다. 특히 보수되기 전 1.8m의 폭을 가졌던 화북 환해장성(강청언, 1991)의 전체 폭보다도 0.6m가 더 넓다. 성벽 폭이 넓다는 것은 그 만큼 견고하게 쌓았다는 뜻이자 이곳이 다른 지역보다 중요하다는 의미이다. 조천 환해장성이 이 같은 특징을 갖는 것은 앞에서 보았듯이 이문경의 삼별초 부대가 조천항에 웅거한 것과 관련 있을 것으로 보인다.

그림 51 | 조천 환해장성 상단부 모습

성벽의 높이는 외측이 낮고 내측이 높다. 이는 성벽이 위치한 파식대지 말단의 높이가 그 뒤의 내륙 쪽 보다 높기 때문이다. 이로 인해 성벽 외측 높이는 2.8m 정도인데, 내측 높이는 이 보다 높은 3.2m 정도이다. 현재 성벽의 내 · 외측 돌들이 무너진 상태임을 감안하면 축성 당시의 높이는 현재보다 높았을 것으로 보인다. 성벽 내측에는 내벽이 있다. 내벽의 높이는 1~1.4m 정도이며, 남아 있는 내벽의 상단부 폭은 0.6~1m 정도이다. 일부 구간의 경우, 무너진 내벽의 말단부 위치를 고려하면 상단부 폭은 약 1.5m에 이른다. 이로 볼 때 내벽 상단부 폭은 1~1.5m 정도였을 것으로 추정된다. 내벽 상단부와 외벽 사이에는 1.2m 정도의 높이 차가 있다. 이 차이를 활용하여 필요시 내벽 상단부에서 안전하게 이동하거나 경계를 하였을 것으로 보인다. 성벽은 외측과 내측에 큰 돌을 쌓고, 그 사이에 작은 돌을 채워 넣는 방식으로 축성되었다.

그림 52 | 조천 환해장성 전경

그림 53 I 조천 환해장성의 내벽
(사진 우측 아래 흰색 원안의 검은 모자 부근은 무너진 내벽의 말단부이다)

관곶의 위치적 · 전략적 중요성으로 볼 때, 곶의 전체를 둘러싸고 있었을 것으로 추정되는 조천 환해장성은 조천 어촌계가 운영하는 전복 양식장 주변에 국지적으로 남아 있다. 이 조차 관리가 되지 않아 잡풀이 무성할 정도 훼손되어 있다. 삼별초가 제주도에서 교두보를 확보한 장소적 의미로 볼 때 이 구간의 환해장성은 보수가 시급하다.

② 환해장성 주변의 또 다른 관방시설

그림 54 I 조천항(1), 조천진과 연북정(2), 제주대학교 해양연구소(3), 조천연대(a), 왜포연대(b), 함덕연대(c)

그림 55 I 그림 54의 위치와 범위

신산 · 온평 · 화북 환해장성에서 보았듯이 연대는 환해장성과 밀접한 관련을 맺는다. 조천 환해장성이 있는 관곶에도 연대가 있다. 관곶 지역은 동서 폭이 2km 정도에 불과한데도 연대가 세 개나 있다. 이는 이 지역이 군사적으로 그만큼 중요하다는 것을 의미이다.

관곶에는 조천, 왜포, 함덕 등 세 개의 연대가 있다. 각 연대의 위치를 보면, 왜포 연대는 관곶 바다 북쪽 말단부에, 조천 연대는 관곶의 서쪽 말단부에, 함덕 연대는 관곶의 동쪽 끝 부근에 있다. 각 연대의 입지로 볼 때, 곶을 중심으로 왜포 연대는 북쪽, 동쪽, 그리고 서쪽 바다를, 조천 연대는 서쪽과 북동쪽 바다를, 함덕 연대는 동쪽과 북서쪽 바다를 감시하였을 것으로 보인다. 이들 세 연대뿐만 아니라 관곶에서 서쪽으로 5.4km 떨어진 곳에 원당봉의 원당 봉수, 그리고 관곶에서 동쪽으로 3km 떨어진 곳에는 서우봉의 서산 봉수가 있다. 이들 세 개의 연대와 두 개의 봉수대는 서로 긴밀한 연락을 취하면서 조천포구 지역을 빈틈없이 감시하였을 것이다.

각 연대의 특징은 다음과 같다.

그림 56 ▎ 조천 연대

조천항에 가장 가까운 조천 연대는 연북정 북쪽 300여 m 부근에 있는 조함해안로와 조천북 6길이 만나는 삼거리에 있다. 이곳은 1975년에 복원한 것으로 해안으로부터 220m 정도 떨어진 주변보다 4m 정도 높은 곳에 위치한다. 연대 정상부에서 보면 서쪽으로 4km 떨어진 원당봉 주변의 바다에서부터 동쪽으로 1.4km 떨어진 관곶 말단부 사이의 바다가 한 눈에 들어온다(그림 57과 58[8])참조). 연대의 형태는 하단부가 7.5×6.3m이고, 상단부가 6.4×5.1m로서 하단부가 넓고 상단부가 좁은 마름모꼴이다. 연대의 높이는 3.8m이다.

그림 57 I 조천 연대에서 본 원당봉과 서쪽 바다 전경

8) 그림 57에서 중앙 위쪽에 있는 산이 원당봉이다. 그림 58에서 좌측 끝 부근에서 바다 쪽으로 튀어나온 곳이 관곶의 북쪽 말단부이다.

그림 58 Ⅰ 조천연대에서 본 동쪽 바다와 관곶

관곶의 중앙에 위치한 왜포 연대는 돌문어 라면으로 유명한 문개항아리에서 동쪽으로 100여 m 떨어진 구릉지 상에 있다. 이곳은 관곶 전체에서 가장 높은 지역이어서 관곶을 중심으로 동쪽, 서쪽, 북쪽의 바다가 한눈에 보일 정도로 조망이 탁월하다.

그림 59 I 왜포 연대 전경

그림 60 I 왜포 연대 중앙부 전경

그림 61 ❙ 왜포 연대 외부의 원형 통로

그림 62 ❙ 왜포 연대 정상부에서 본 서우봉과 동쪽 바다 전경

왜포 연대의 높이는 2.8m 정도이다. 이곳 연대의 가장 큰 특징은 형태이다. 일반적으로 연대는 장방형의 마름모꼴이다. 그런데 왜포 연대는 독특하게 원형이다(그림 59 참조). 연대 안 쪽에는 과거 봉(횃불)과 수(연기)를 올렸던 곳으로 추정되는 높이 1.3m, 지름 2m 정도의 입구가 뚫려있는 원형의 구조물이 있다(그림 60 참조). 이처럼 왜포 연대는 외측의 원형 담과 중앙의 원형 구조물이라는 이중 원형 구조로 되어 있다. 연대 중앙의 연소실과 외측 원형 담과의 높이 차는 1.3m 정도이다. 여기서 바다 관측이 가장 용이하다. 연대의 외부에는 연대를 둘러싸고는 폭 2~3.2m에 이르는 원형의 통로가 있다(그림 61 참조). 여기서도 해안 관측이 용이하다.

그림 63 | 해양연구소 내에 있는 함덕 연대의 잔존 모습

관곶의 동쪽 말단에 위치한 함덕 연대는 제주대학교 해양연구소 내에 있다. 이 연대는 다른 연대들이 고증에 의해 보수되거나 복원된 것과 달리 연대의

중상부 돌들이 무너진 상태로 남아있다. 이 때문에 원형은 볼 수 없다. 현재 남아있는 것은 연대의 하단부이다. 이들 중에서도 서쪽 하단부가 상대적으로 양호한 상태이다. 서쪽 연대의 하단부 크기는 7.9m×8.1m이고, 남아있는 높이는 1.6m×2.4m이다. 함덕 연대는 훼손된 상태로 방치되어 보전상태가 불량하다. 또한 연구소 내에 위치하며, 연대 주변의 잡풀들도 정리가 되지 않아 찾기도 어렵고, 관찰하기도 쉽지 않다.

제주도에서 교두보를 확보한 이문경의 삼별초 부대가 웅거한 지역이자 세 개의 연대가 있을 정도로 군사적으로 중요한 조천 포구에는 조선시대 제주도의 9개 진 중 하나인 조천진[9]이 있었다.

그림 64 I 조천진과 연북정

9) 그림 64에서 볼 수 있는 조천진성 위의 연북정은 제주로 파견된 관리와 유배 온 사람들은 고향과 임금이 있는 북녘 땅을 바라보며 그리움을 달랜 곳으로 알려져 있다.

탐라순력도의 조천성점(성의 군사와 인근 목장의 말을 점검하는 그림)에 보면 조천진은 해안으로 돌출한 곳의 최말단부에 있다. 이곳에 조천진이 있다는 것은 조천 포구의 방어가 그 만큼 중요하다는 뜻이자 포구로 들어오는 적, 특히 왜구들의 접근을 최일선에서 막고자 함이다. 또한 탐라순력도에는 조천 포구에서의 배들의 움직임을 관측하는 연대도 조천진의 동쪽에 그려져 있다. 이 같은 중요성을 갖는 조천진의 최초 축성 시기는 명확하지 않지만 선조 23(1590)에 중창된 것으로 보아 16세기에 이미 축조되었으리라고 판단된다(김명철, 2000. 49).

그림 65 I 조천성점(출처: 탐라순력도, 1: 조천 연대)

(5) 애월 환해장성

① 환해장성의 특징

화북과 조천 환해장성에서 살펴보았듯이 두 지역은 삼별초의 제주도 입성과 교두보 확보와 관련 깊다. 다시 말해 삼별초가 제주도에 대몽 항쟁을 이어가도록 만들어준 곳이 화북과 조천 포구 지역이다. 애월 환해장성도 삼별초와 관련이 깊다. 그러나 이곳은 앞의 두 지역과 달리 삼별초의 시작뿐만 아니라 패망과도 관련이 깊다는 점에서 또 다른 의미를 갖는다. 화북과 조천 포구 지역이 제주도에서의 대몽 항쟁의 시작이었다면, 애월 포구 지역은 그것의 시작과 끝, 모두와 관련된다.

1270년(원종 11년) 11월 경, 동제원에서 제주 방어군을 격멸한 삼별초는 제주도를 점령하였다. 이듬해 5월(원종 12년) 여몽 연합군에 의해 진도가 점령당한 후 삼별초의 잔여 세력은 제주도로 들어와 항파두리에 진지를 구축하고 여몽 연합군의 공격에 대비한다. 당시 항파두리성에 가장 가까운 포구는 애월 포구였다. 이로 인해 애월 포구는 항파두리성의 외항으로 전략적으로 가장 중요한 곳이 되었다. 애월 포구 지역에 있는 현 애월 초등학교에 목성으로 애월성을 축성한 것도 이 같은 전략적 중요성 때문이었다. 이 뿐만 아니라 애월 포구 주변의 환해장성도 증·개축하였을 것으로 추정된다. 이런 전략적 중요성으로 인해서 그런지 몰라도, 현재 남아있는 환해장성, 특히 애월 A 지역(그림 66 참조)의 환해장성의 높이는 다른 지역보다 높다.

그림 66 Ⅰ 애월 포구(1), 애월 항(2), 환해장성(A-a), 애월진성(B), 애월 연대(C), 올레길 15-B 코스(점선)

그림 67 Ⅰ 그림 66의 위치와 범위

제주에 거점을 확보한 삼별초는 이듬해인 1272년(원종 12년) 5월부터 전라도 연안, 개경에 가까운 서해 중부연안, 그리고 몽골군이 주둔처인 경상도 연안지역까지 활동 영역을 넓혀갔다. 이렇게 활동하던 삼별초는 1273년 2월 대규모 여몽연합군의 양동 작전으로 역사에서 사라진다. 이 작전의 핵심은 애월 포구로 추정하고 있다. 여몽 연합군은 좌 · 우 · 중군으로 나누어 제주도를 공략하였다. 이 중 좌군은 현 한립읍의 명월포(그림 68의 2)로, 우군은 애월 포구(그림 68의 3)로, 그리고 중군은 가장 동쪽인 현재의 함덕 해변지역인 함덕 포구(그림 68의 4)로 들어왔다. 이들 중 항파두리의 전략적 요충지인 애월 포구로의 여몽연합군의 우군은 공격할 것처럼 하면서 삼별초 방어군을 애월 포구 쪽으로 유인해 낸다. 그 사이에 명월포로 들어온 좌군이 항파두리성을 공격하여 점령한다. 삼별초의 저항은 이렇게 끝났다. 그것의 단초가 애월 포구로의 군사 이동이었다(윤용혁, 1994).

그림 68 ▌항파두리(1), 명월포(2), 애월포(3), 함덕포(4)

애월 지역의 삼별초 관련 역사적 장소는 애월항을 중심으로 두 곳으로 나누어진다. 하나는 애월 항 서쪽 600m 지점에 바다로 돌출한 곳(그림 66의 A)에 있는 환해장성이고, 다른 하나는 애월 초등학교(그림 66의 B)에 있는 애월진성이다.

①-1. 애월 A 지역 환해장성

A 지역 환해장성은 곶의 돌출부(그림 66의 A)에서 애월 해안도로 산책길을 따라 300여 m 동쪽에 있는 정자(그림 66의 a) 사이에 있다. 이곳의 환해장성은 애월 지역에서 형태와 구조가 상대적으로 양호하고, 길이도 길다. 그러나 이 구간에서도 환해장성의 규모와 보전은 지역에 따라 다르다. 동쪽인 a 지역의 환해장성은 성벽의 돌들이 대부분 무너져 높이가 낮고, 원형도 남아있지 않다(그림 69 참조).

그림 69 Ⅰ a 지역에 잔존해 있는 환해장성 모습

그림 70 I A 지점 환해장성의 외측 모습(1, 2: 국지적으로 남아있는 원형 지점)

반면 서쪽인 A지역은 성벽이 높고, 형태와 구조가 환해장성다운 모습을 보인다(그림 70과 71 참조). A 지역 중에서도 환해장성의 특징이 특히 많이 나타나는 곳은 동문과 서문 사이이다. 그러나 A 지역의 환해장성이 a 지역에 비해 상대적으로 양호한 한 것이지 원형이 잘 보전 된 것은 아니다. 내·외측 성벽의 돌들이 많이 무너져 내려있어 성의 원형을 알아보기는 힘들다. 특히 내측에 비해 외측 성벽의 무너짐이 심하다. 국지적으로 볼 수 있는 원형(그림 70의 1, 2 지점)의 잔재들을 통해 환해장성의 특징을 추론해 보면 다음과 같다.

그림 71 ▎A 지점 환해장성의 내측 모습(1:남아 있는 내벽의 상단부)

A지역 환해장성은 신산 · 온평 · 화북 환해장성에서 보았듯이 외벽과 내벽의 이중 구조로 되어 있다. 외벽의 높이는 높은 곳은 4m 정도에 이르고, 외벽의 상단부 폭은 1.8m 정도이다. 내벽은 외벽보다 낮고, 외벽을 지탱하는 방식으로 축조되어 있다. 내벽의 높이는 2m 전후이고, 상단부 폭은 2.3m 전후(그림 71의 1 지점)로 추정된다. 내벽과 외벽 간에는 1.5m 정도의 비고가 있다. 따라서 이 지역의 환해장성도 필요시 폭 2m 정도의 내벽 상단부에 서서 1.5m 높이의 외벽을 통해 애월 지역 해안을 경계했을 것으로 추정된다. A 지점 환해장성에서 가장 특징적인 것은 성의 출입구가 두 곳 있다는 점이다(그림 72, 73 참조). 이는 다른 환해장성에서 볼 수 없는 특징이다.

그림 72 ❙ 애월 환해장성의 서쪽 출입구

그림 73 ❙ 애월 환해장성의 동쪽 출입구

제주도에 쉽게 볼 수 있는 집담이 집과 사람을 보호하기 위해 집을 둘러싸고 있지만 폐쇄적 구조는 아니다. 내 · 외부 사람들이 출입할 수 있도록 문을 만들었다. 문을 통해 사람들은 외부로 나오고, 필요시 집담을 보수, 보강하고, 집 주변의 위험물을 제거하는 등 보다 적극적인 보호 활동을 한다. 이 같은 맥락에서 추론해 보면, 해안 방어를 목적으로 해안을 따라 마치 반지 고리처럼 쌓은 환해장성에 5~6m 폭의 출입문이 있다는 것은 상당한 규모의 병력이 진 · 출입하거나 필요시 주둔하였다 것을 의미한다. 이는 환해장성이 방어를 목적으로 축성하였지만, 필요에 따라서는 성 밖으로 나와 적극적인 공격을 펼쳤을 수도 있었다는 것을 추론하게 한다. 성을 넘어 오지 못하도록 하는 소극적인 방어만이 아닌 공격을 통한 적극적인 방어의 성격도 있었다는 것을 의미한다. 또한 다른 환해장성에서 볼 수 없는 성문이 이곳에 있다는 것은 이 지역이 상대적으로 중요했을 가능성이 높다는 것을 의미한다.

이 같은 의미를 갖는 성문에 대해 강찬언(1991)은 동쪽(그림 73)의 출입구는 축성된 성벽의 돌쌓기와 다른 막쌓기를 하고 있어서 후대에 경작지 활용을 위해 인위적으로 만든 출입구로 보이지만 서쪽 출입구(그림 72)는 원래 성문으로 추정된다고 밝혔다. 따라서 서문을 통해 성문의 특징을 보면 다음과 같다.

그림 74 I A 지점 환해장성의 서쪽 출입문 돌쌓기

그림 75 I A 지점 환해장성의 서쪽 출입문의 돌출부

성문의 가장 큰 특징은 구조에 있다. 환해장성은 해안 방어를 목적으로 축성했기 때문에 돌쌓기는 해안을 따라 횡적으로 이루어진다. 그런데 서문의 돌쌓기는 성문에서만 종적인 돌쌓기를 하였다(그림 74 참조). 즉 해안과 직각 방향으로 돌쌓기를 하였다. 이는 해안에서 성안으로의 출입을 용이하게 하기 위해 만든 구조이다. 성 안팎으로의 입·출입을 위한 구조는 성벽에서 출입문이 바다 쪽으로 2.5m 정도 나와 있는 것에서도 알 수 있다(그림 75 참조). 이 같은 구조는 출입문의 위치의 명확한 표시와 출입의 용이성을 위한 것으로 보인다.

①-2. 애월 B 지역: 애월진성

애월 B 지역의 중심은 애월 초등학교에 있는 애월 진성이다. 환해장성이 해안으로 접근하는 적들을 막는 일차 경계선이라면 진(鎭)은 봉수, 연대, 그리고 환해장성 등을 총괄하여 관리하는 군사 시설이다. 조선시대 제주도에 있었던 9개의 진성 중 하나인 애월진성은 조선시대 만들어진 다른 진성들과 달리 고려시대에 만들어졌다.

애월진성 지역에 성을 처음 만든 것은 앞에서 이야기하였듯이 고려 시대 삼별초였다. 진도가 여몽 연합군의 공격으로 함락된 후 제주도로 들어온 삼별초는 제주도를 점령하고 있던 이문경 휘하의 부대와 함께 애월 포구에서 남동쪽으로 8km 지점에 있는 항파두리에 내·외성[10]을 쌓고, 본격적인 방어에 들어갔다. 당시 애월포는 전라도에서 제주도로 들어오는 중심 항구였다. 항파두리와의 위치, 항구로서의 기능과 접근성 등을 고려한 결과 애월 포구는 삼별초 핵심 포구가 되었다. 이런 전략적 중요성으로 삼별초는 애월포에 나무로 목성을 만들었다.

10) 삼별초는 항파두리에 내성은 현재 발굴 중이라서 정확한 형태를 알 수 없다. 반면 외성은 복원되었다. 외성은 흙으로 만든 토성으로서 길이가 6km에 달하였다.

그림 76 ❙ 항파두리(1), 애월 포구(2), 애월진성(3). 애월 환해장성(4)

그림 77 ❙ 항파두리의 외성(토성)

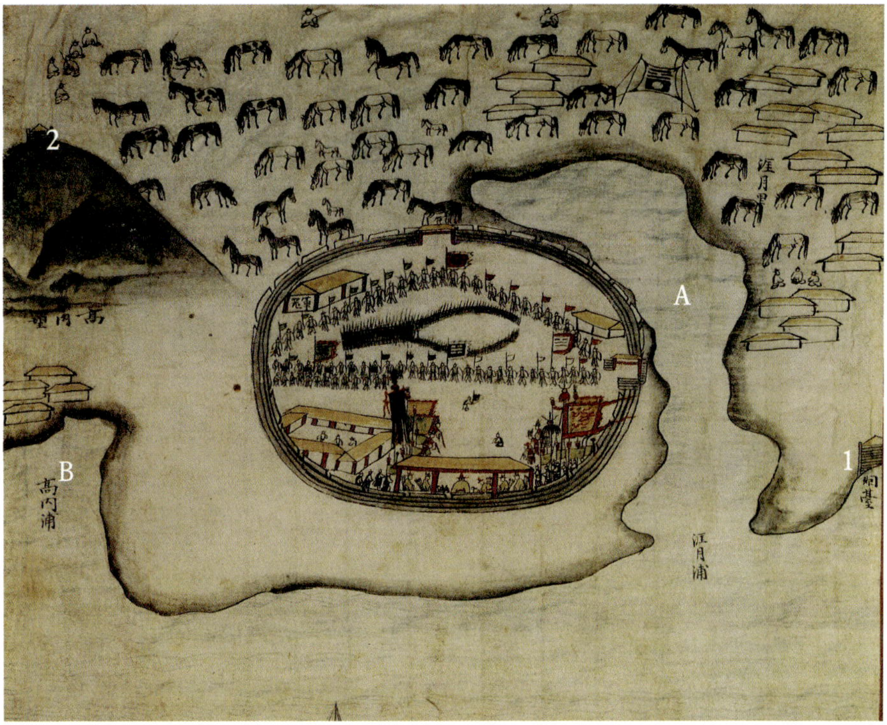

그림 78 ❙ 애월조점(출처: 탐라순력도, 1:애월연대, 2:고내봉수, A;애월포구, B:고내포구)

고려 말에서 조선 시대에 걸쳐 왜구의 침략이 많아지면서 제주도는 이를 효율적으로 방어하기 위한 체계적인 군사시설을 만들고 정비한다. 봉수, 연대, 진, 읍성이 이들이다. 특히 진은 제주도 해안 지역을 실제적으로 방어하는 군사적 기능을 하였다. 애월진성은 이런 시대적 요구에 의해 선조 14년(1581) 목사 김태정에 의해 목성을 석성으로 개축하였다. 애월 진성의 형태는 그림 78의 탐구순력도의 애월조짐(애월진의 군사와 말 점검도)에서 보듯이 방어력을 극대화하는 타원형이다(김명철, 2000, 50-57).

이상에서 보듯이 애월진성은 진도의 삼별초가 제주도로 온 1272년에서 1581년 석성으로 바꾸기 전까지, 300여 년이라는 긴 시간 동안 목성으로서 애월포구를 지켰다는 것을 알 수 있다.

애월진 터는 현재의 애월 초등학교이다. 애월진성의 잔재는 애월 초등학교의 북서쪽 모퉁이(그림 79의 B)와 애월 초등학교 부설 유치원 출입문 쪽(그림 79의 A)에 남아있다.

그림 79 ❙ 애월 포구(1), 애월진 성벽(A), 애월진 성벽(B)

그림 80 ❙ 애월 초등 병설유치원에 있는 애월진 성벽(그림 79의 A)

그림 81 Ⅰ 애월 초등 병설유치원 애월진성의 여첩(그림 79의 A)

그림 82 Ⅰ 여첩에서 본 외부 풍경

애월진 성벽 모습이 가장 잘 나타나는 곳은 애월 초등 부설 유치원에 있는 성벽이다(그림 80, 81 참조). 이곳의 성벽은 복원된 것으로, 외벽과 내벽의 이중 구조로 되어 있다. 외벽의 높이는 3m 전후이다. 내벽의 높이는 1.9m 정도, 내벽 상단부의 폭은 1.5m 정도이다. 내벽의 상단부와 외벽 간에는 1.5m 정도 차이가 있으며, 여기에는 가로 25~27cm, 세로 30~36cm의 창이 설치되어 있다. 이곳에서는 창을 통해 성 바깥을 관측하고, 이곳을 통해 공격할 수 있다(그림 81, 82 참조). 이 때문에 이것은 일종의 여첩(또는 여장)[11]과 같은 기능을 한다. 남아있는 성벽의 길이는 30m 정도이다.

그림 83 ❙ 애월초등 북서쪽 성벽(그림 79의 B)

11) 성벽 위에 설치하는 낮은 담장으로 적으로부터 몸을 보호하고 적을 효과적으로 공격할 수 있는 구조물(네이버 백과: 알기 쉬운 한국건축 용어사전).

애월진성의 원형을 볼 수 있는 곳은 초등학교 북서쪽 모퉁이에 남아있는 성벽이다(그림 83 참조). 이곳 역시 외벽과 내벽의 이중 구조로 되어 있다. 성벽 높이는 외벽의 경우에 여첩을 포함하여 높은 곳은 5m 정도이고, 여첩을 제외한 높이는 3.5m 정도이다. 내벽의 상단부 폭은 1.5~2.4m이며, 폭이 가장 넓은 곳은 성벽이 휘어지는 부분이다. 내벽 상단부와 외벽 사이의 비고는 원형이 남아 있는 곳이 1.5m 정도이다. 애월진성은 애월 포구에 인접해 있어, 그림 84에서 보듯이 성벽에서 애월포와 그 주변 바다가 한눈에 보인다.

그림 84 I 애월 초등 북서쪽 성벽의 여첩(그림 79의 B)

② 환해장성 주변의 또 다른 관방시설

그림 85 I 애월 연대

그림 86 I 애월 연대에서 본 환해장성 주변

애월 A 지역 환해장성에서 남쪽으로 340m 지점의 구릉지 상에는 애월진 소속이었던 애월연대가 있다. 주변에서 가장 높은 곳에 위치한 4.8m 높이의 애월연대는 애월 포구 주변을 감시하면서 이상 징후를 발견하면 불과 연기로 연락을 하는 연변 봉수대 기능을 하였다.

이상에서 살펴본 지역별 환해장성을 통해 각 지역의 전략적 중요성을 추론하면 다음과 같다.

신산 · 온평 · 화북 · 조천 · 애월 환해장성들 중 가장 특징적인 곳은 애월이고, 그 다음은 조천 지역이다. 성벽의 특징을 보면 애월 A 지역의 환해장성의 외벽 상단부 폭은 1.8m이다. 이 폭은 조천 환해장성의 그것보다는 작지만, 신산 · 온평 · 화북 환해장성보다 넓다. 그리고 애월 A 지역 환해장성의 내벽 상단부 폭은 2.3m에 이르러 조사 지역 중 내벽이 가장 두껍다. 내 · 외벽의 폭을 합하면 성벽 두께가 무려 4.1m에 이른다. 조천의 환해장성도 내 · 외벽의 폭이 넓은 곳은 3.9m에 이르지만 애월 환해장성보다는 조금 작다. 애월 환해장성의 성벽 폭이 다른 지역의 환해장성에 비해 두껍다는 것은 그만큼 견고하게 축성하였다는 뜻이자 전략적으로 중요하다는 뜻이다. 이는 애월 환해장성에는 다른 곳에서 볼 수 없는 성문이 있고, 조선 시대의 진성에 해당되는 군사시설이 삼별초 시대에 이미 있었다는 것에서도 알 수 있다. 이 같은 특징은 앞에서 살펴보았듯이 애월 포구는 제주도 삼별초 본거지인 항파두리로 가는 핵심 포구로서 삼별초에게는 가장 중요한 전략적 요충지이었기 때문이다. 그리고 조천 포구 지역은 진도의 삼별초가 제주도에서 교두보로 확보하고, 웅거하였을 만큼 중요한 곳이었다. 이런 중요성으로 인해 이들 포구 주변의 환해장성이 다른 곳보다 견고하게 축성된 것이 아닌가 여겨진다.

2

연대(煙臺)

대포 주상절리로 유명한 올레길 8코스를 답사했다. 대포 포구에 주차한 후, 8코스의 핵심인 대포 주상절리 쪽으로 갔다. 중문단지 축구장을 지날 무렵 인근에 지역 문화재인 대포 연대가 있다는 안내판을 보았다.

그림 87 ❙ 대포 연대 주변(1:대포 포구, 2:중문단지 축구장, 3:대포 연대, 4:대포 주상절리, 점선: 올레 8코스)

연대는 처음 들어본 이름이다. 한자의 의미로 보면 연기를 피우는 높고, 평평한 곳이라는 뜻이다. 그것이 해안 절벽 위에 있는 것으로 볼 때, 해안 지역 관측과 관련 깊은 시설인 것 같고, 연대라는 이름으로 볼 때 관측한 것과 관련된 정보를 연기를 통해 전달한 것으로 추정되었다.

대포 연대에 대한 안내판을 읽어보았다. '연대'라는 이름에서 알 수 있듯이 '이곳은 산정부에서 적을 감시하고 연락을 하는 통신 시설이었던 봉수대와 유사한 기능을 했던 곳이다. 이곳에서 바다를 관측하여 얻은 정보를 햇불(봉:烽)과 연기(수:燧)로 연락을 취했다. 그리고 이곳에는 별장(別將)[12] 6명과 봉군 12명이 있었다'라고 되어 있었다.

그림 88 I 대포 연대 전경

12) 조선시대 지방의 산성, 나루 등의 수비를 맡은 종 9품의 무관직(네이버 지식백과).

그림 89 ❙ 산방 연대 전경

올레길 8코스를 답사한 다음 날은 올레길 10 코스를 답사했다. 삼방산 앞의 용머리 해안을 돌아서 하멜 기념탑에 왔을 때, 기념탑 뒤 쪽에 대포 연대와 유사한 구조물을 보았다. 산방 연대였다.

산방산은 졸업여행 인솔로 여러 번 왔다. 전공이 지형학이어서 산방산과 용머리 해안의 발달 과정에 대해서는 상세히 설명하였지만 연대는 가지도 않았고, 보지도 않았다. 몰랐기 때문이다. 그런데 대포 연대를 본 이후에는 산방 연대가 눈에 띄었다. 삼방 연대의 위치와 주변 바다와의 관계도 조금은 보였다. 아는 만큼 보고, 보이는 만큼 본다는 말이 딱 맞았다.

그림 90 Ⅰ 산방배작(출처: 탐라순력도, 1:산방산, 2: 산방 연대)

산방연대는 1702년 제주도로 부임한 이형상 목사의 제주도 순력 모습을 그린 탐라순력도의 삼방배작(삼방산에서 술을 나누는 모습)에도 나타난다. 그림 90에서 보듯이 삼방산 앞에 삼방 연대가 뚜렷하게 그려져 있다.

연대와 연대 안내문을 보면서 '기능과 목적이 유사한 봉수대와 연대는 어떤 차이가 있는지, 왜 이 두 가지를 활용하였는지, 그리고 연대의 크기로 볼 때, 규모에 비해 많은 인원이 상주한 것 같은데, 왜 그렇게 하였는지' 라는 의문이 들었다.

1) 연대는 봉수대와 어떻게 다른가?

높이와 너비가 10척 내외이고, 별장 6명과 봉군 12명이 근무하였던 연대가 조선 시대 제주도에는 38개 있었다. 봉수대가 25개였으니 총 63곳의 관측시설이 제주 해안을 감시한 셈이다. 해안 감시라는 공동의 목적과 연기와 불로 연락하는 공통의 통신 수단을 사용하는데 봉수대와 연대라는 서로 다른 이름을 사용하는 것을 이해하기 위해서는 두 가지 전제를 고려할 필요가 있다. 하나는 제주도로 들어오는 적들은 모두 배를 타고 온다는 점이고, 다른 하나는 제주도가 공격받을 경우 육지로부터 지원군을 받기까지 최소 10일 이상 소요된다는 점이다(신효승, 2016, 121). 특히 후자의 경우 이 기간 동안 제주도는 온전히 자체 군사력으로 방어를 해야 한다. 이를 위해서 무엇보다 중요한 것은 제주도에 상륙하기 전에 적의 움직임을 면밀히, 지속적으로 감시하는 것이다. 그것이 이루어지기 위해서는 제주 해안에 대한 감시망은 빈틈이 없을 정도로 촘촘하고, 체계적이어야 한다.

이 같은 전제로 보면 제주도에는 봉수대를 거점마다 하나만 두기보다는 두 개 이상을 중첩하여 빈틈없는 관측망을 구성하는 편이 보다 효율적이고 안정적이다. 관측의 효율성을 높이기 위해서는 각각의 관측 시설이 갖는 장점은 극대화하고, 단점은 보완하는 협력적 관측을 해야 한다. 이 때 비로소 제주도를 체계적으로 방어할 수 있다. 연대와 봉수대의 관계는 이 같은 관점에서 살필 필요가 있다. 이를 신효승(2016)의 연구를 토대로 연대 분포 밀도가 높은 한림과 애월읍을 중심으로 살펴보면 다음과 같다.

그림 91 Ⅰ 만조 봉수(1), 배령 연대(2), 비양도(3)

그림 92 Ⅰ 그림 91의 위치와 범위

1843년 5월 13일 제주도 서쪽 근해에 이선(異船)이 나타났을 때, 이를 처음 발견한 곳인 만조 봉수와 배령 연대이다. 만조 봉수의 위치는 해안에서 4.5km 정도 떨어진 느지리오름 정상부에 있다(신효승, 2016, 107-115). 느지리 오름은 한림읍 상명리 산 5번지에 위치하며, 과거 이곳에 봉수대가 있어 일명 '망오름'이라고도 불린다. 현재 이곳에는 봉수대는 없고, 그 자리에 전망대가 세워져 있다.

그림 93 ❙ 느지리오름 정상에 있는 전망대(만조 봉수가 있었던 위치)

그림 94 ❙ 만조 봉수 위치였던 느지리오름 전망대에서 본 비양도

그림 95 I 배령 연대와 비양도

해안에서 4.5km 떨어진 만조 봉수의 고도는 225m이다. 반면 배령 연대는 해안에서 100여 m 떨어져 있고, 고도는 4m 정도이다. 고도와 위치의 차이로 인해 만조 봉수와 배령 연대의 관측에는 큰 차이가 있다. 그림 94는 만조 봉수에서 본 5.3km 떨어진 비양도의 모습이고, 그림 95와 96은 배령 연대에서 본 1.8km 떨어진 비양도의 모습이다. 그림들에서 보듯이 배령 연대에서는 비양도의 모습이 뚜렷하게 보이지만, 만조 봉수에서는 비양도의 모습이 나무 너머로 아스라이 보인다.

그림 96 | 배령 연대 정상에서 본 비양도

그림 94와 95의 차이에서 보듯이 동일한 장소를 보아도 거리에 따라 관측의 정확성은 차이가 크다. 고도가 높을수록 관측 범위는 넓어지고, 고도가 낮을수록 관측 범위는 좁아진다. 이를 만조 봉수와 배령 연대로 보면, 맑은 날 만조 봉수에서의 관측 거리는 약 54km이지만 배령 연대의 관측 거리는 10km 정도에 불과하다. 이는 봉수대가 원거리 감시를 목적으로 한다면, 연대는 근거리 감시를 목적으로 한다는 것을 의미한다.

한편 1843년 5월 13일 제주도 서쪽 근해에 이선(異船)을 처음 발견한 만조 봉수에서 이 정보를 서쪽으로 10.4km 떨어진 차귀 포구 옆 당산봉에 있었던 당산 봉수대와 동쪽으로 7.6km 떨어진 어도오름 상의 도내 봉수에 연락했다. 세 개의 봉수대가 중첩적으로 이선을 감시하였다(그림 97 참조). 관측으로부터 얻은 이선에 대한 정보는 이 지역을 관장하는 핵심 군사 거점인 명월진으로 보낸다(신효승, 2016).

그림 97 I 만조 봉수(1), 당산 봉수(2), 도내 봉수(3), 명월 진성(A)

그림 98 I 명월진성

그런데 봉수대로부터 이선에 대한 정보를 받았다하여 명월진의 군인들이 바로 움직이지 않는다. 신효승(20016)이 언급하였듯이 해안에서 떨어진 봉수대로부터 받은 정보가 아직은 정확하지 않다. 다시 말해 이선의 정체와 그것의 목적지, 이동 방향과 관련된 정보가 명확하지 않다. 이 때문에 이선의 정체, 이동 방향 등에 대한 보다 구체적인 정보가 있어야 한다. 그래야 정확한 위치에 군인들을 투입하는 최적의 결정을 내릴 수 있다. 명월진에서 최종적인 판단을 할 수 있도록 도와주는 곳은 해안에 인접하여 이선과 관련된 정보를 세밀히 감시하여 정확한 정보를 제공하는 배령 연대와 같은 연대들이다.

그림 99 ❙ 명월조점(출처: 탐라순력도)

그림 99는 탐라순력도의 명월조점(명월진 성정군의 훈련 모습과 말을 점검하는 그림)이다. 그림의 설명에 의하면 이것을 그렸을 당시(1702년) 명월진에는 성을 지키는 군인(城丁軍)이 412명, 보인을 포함하여 말을 사육하는 목자가 185명, 말은 1,064필, 창고에 곡식은 3,300여 석 있었다. 명월진은 제주도 진 중에서도 상당한 규모였다. 해안에서 1km 정도 떨어진 명월진에 있었던 400여 명의 성정군들은 봉수대와 연대의 정보를 종합적으로 판단하면서 최종적으로 연대의 정보를 토대로 특정 장소로 출동하였을 것이다.

이상에서 느지리오름 상의 만조 봉수와 배령 연대의 비교에서 보았듯이 봉수와 연대는 유사하면서도 다른 기능을 가진다. 이를 정조 6년(1782)에 작성한 『제주순무어사박천형 서계』에서 보면 다음과 같다.

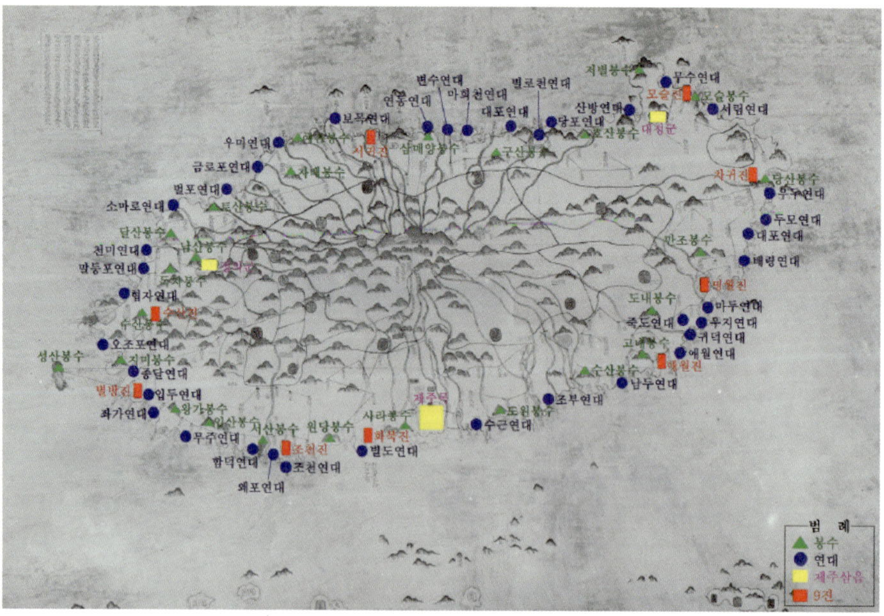

그림 100 ❙ 『제주삼읍전도』에 나타난 제주삼읍성과 9진 및 봉수와 연대(출처: 제주의 방어 유적)

박천형의 서계에는 '대개 봉대는 멀리서 적선이 바다를 지나는 것을 바라보는 곳이다. 연대는 가까이 적선이 와서 정박하는 것을 관찰하는 곳이다'라고 밝히고 있다. 바꾸어 말하면 산 정상에 있는 봉수대는 멀리서 바다에 이양선이 지나는 것을 바라보는 곳이라면 연대는 해안 가까이 오는 배가 표류선인지 적선인지를 분간하고 관찰하는 곳이라 할 수 있다(제주특별자치도 민속자연박물관, 2015). 또한 봉수대는 연대에 비해 높은 곳에 있어 관측 거리가 멀다. 이는 장점인 동시에 단점이기도 하다. 멀리 본다는 것은 감시하는 범위가 넓다는 의미이기도 하다. 범위가 넓으면 관측의 세밀함에 문제가 있을 수도 있다. 이 같은 문제를 극복하는 것이 연대이다. 봉수대가 원거리에서 의심받은 선박을 발견하면 이러한 정보를 해안에 인접한 연대가 이어받아 계속 감시하거나 봉수에서 미처 발견하지 못한 이선을 해안선을 따라 촘촘히 설치되어 있는 연대에서 동시에 감시함으로서 봉수대가 가지는 단점을 보완한다(신효승, 2016).

그림 100에서 파란색 원으로 나타낸 연대가 제주도 해안을 따라 빈틈없이 들어서 있다. 연대 뒤 쪽에는 봉수(초록색 삼각모양)가 연대보다는 넓은 간격으로 해안을 둘러싸고 있는 것을 볼 수 있다. 이처럼 제주도에서는 연대와 봉수가 중첩적으로, 협력적으로 해안으로 접근하는 이선들을 감시하였다.

이 같은 관측의 중첩성을 갖는 봉수와 연대 중에서도 연대간의 거리가 특히 짧다. 배령 연대와 남두 연대[13] 사이의 거리는 해안선으로는 20km 정도, 직선으로 16km 정도이다(그림 101 참조). 이 사이에 우지 연대[14], 귀덕 연대[15], 애월

13) 남두연대는 신엄포구와 구엄포구 사이의 올레길 16 코스 상으로서, 마라솔 빌리지 입구 건너편에 위치한다. 연대가 있는 지역은 주변보다 고도가 높은 '남뚜리'라 불리는 언덕으로 해안에서 30m 정도 떨어져 있다. 지역명을 따라 '남뚜리 연대'라고도 불린다. 이 연대는 1977년에 고증을 거쳐 개축하였다.

14) 우지연대는 제주시 한림읍 귀덕 2리에 있으며 조선시대 명월진에 소속된 연대이다. 애월 연대처럼 해안에서 260m 쯤 떨어진 낮은 구릉지 상에 있어 해안의 조망이 용이하다. 이곳이 연대가 있던 곳이어서 마을 사람들은 이 장소를 '망밭'이라고 부른다. 이곳은 1976년에 고증을 거쳐 복원되었다(네이버 지식백과)

15) 귀덕 연대는 서쪽 약 1.5km 지점의 우지 연대, 그리고 동쪽 3.3km 거리의 애월 연대와

연대, 남두 연대를 포함하여 5개의 연대가 있다. 연대들간의 간격을 보면 해안선 거리로는 평균 4km, 직선거리로는 평균 3.2km에 불과하다. 이들 연대 중에서도 우지 연대와 귀덕 연대간의 거리는 1.4km에 불과할 정도로 가깝다. 이 같은 연대간의 간격은 앞 절의 조천 환해장성이 있는 관곶에서도 볼 수 있었다. 관곶의 폭은 직선거리로 2km에 불과하다. 이 구간에 연대가 3개나 있다. 연대간의 거리는 700m 정도에 불과하다. 이처럼 해안에 인접한 경계의 최일선에 있는 연대들의 간격을 촘촘하게 배치한 것은 빈틈없는 관측, 지속적 관측, 정확한 관측을 위해서이다. 이 모든 것은 결국 제주도의 안전을 위해서이다.

그림 101 I 배령 연대(1), 우지 연대(2), 귀덕 연대(3), 애월 연대(4), 남두 연대(5)

교신하였다. 우지 연대와 애월 연대간의 거리는 4.8km 정도이다. 이로 인해 시간이 가면서 애월 연대와 우지 연대간에 교신이 이루어지면서 귀덕 연대의 필요성은 줄어들고, 이로 인해 귀덕 연대는 기능을 상실하면서 사라졌다. 현재 귀덕 초등학교 병설 유치원 내에 있는 귀덕 연대는 교육용으로 복원한 것으로 원래의 연대 모습이 아니라 연대가 있었던 자리와 기단부를 복원해 둔 정도이다.

그림 102 Ⅰ 그림 101의 위치와 범위

그림 103 Ⅰ 우지 연대

그림 104 ▎귀덕 초등에 있는 귀덕 연대의 위치

그림 105 ▎남두 연대

그림 106 | 도원봉수대(a), 사라봉수대(b), 원당봉수대(c), 서산봉수대(d)

봉수대와 연대의 기능적 차이와 이들의 관계를 만조 봉수와 배령 연대를 중심으로 보았다. 여기서 유의해야 할 것은 모든 봉수대가 느지리오름 상의 만조 봉수처럼 해안에서 수 km 지점에 있는 것은 아니라는 사실이다. 그림 106에서 볼 수 있듯이 제주국제공항 서쪽 끝 부근의 도두항에 인접한 도두봉에 있었던 도원 봉수대는 해안에서 약 200m, 제주항 동쪽 1km 지점에 있는 사라봉의 사라봉수대는 해안에서 약 400m 거리에 있으며, 삼양 해변 우측의 원당봉의 원당 봉수대는 해안에서 900여 m에 있다. 뿐만 아니라 함덕해수욕장 동쪽의 서우봉에 있었던 서산 봉수대는 해안과 300m 정도 떨어져 있었다. 이들 봉수대 사이에 여러 연대들이 있다. 이 같은 분포 특징으로 볼 때 봉수대와 연대, 모두 해안에 인접해 있다. 이들의 차이는 해안으로부터의 거리보다 고도가 더 크다. 즉 봉수대는 오름 정상부에 위치하는 반면 연대는 해안가에 위치한다. 이 같은 차이는 앞에서도 살펴보았듯이 멀리 넓게 보는 관측과 가까이에서 정밀하게 보는 관측의 상호연계를 위해서이다.

연대가 봉수와 더불어 제주 해안 감시, 특히 왜구의 침입을 감시한 역할을 하였다는 것은 수많은 고증 자료에 의해 확인 된다. 그런데 일각에서는 연대와 봉수가 군사적 기능뿐만 아니라 주민 통제 기능도 있었을 것으로 보는 견해도 있다.

조선 정부는 말, 감귤, 전복 등과 같은 제주도 특산품을 원활하게 거두기 위한 방편의 일환으로, 조선 전기 이래 목초 지대의 개간을 금하였다. 한편 중앙 관리와 지방 토호의 이중 수탈, 왜구의 빈번한 침입, 지나친 진상과 그에 따른 부역의 증대로 인해 제주도를 떠나는 유민의 수가 증가하면서 제주 인구는 감소하였다. 이에 인조 7년(1629)부터 순조 23년(1823)까지 194년간 제주 사람이 한반도 육지부로 오고감을 금지하는 '출륙금지령'을 시행했다. 이로 볼 때, 제주 지역은 주민 통제, 혹은 주민의 긴박 강도가 여느 지역보다 높았던 곳이라 하겠다. 그래서 연대와 봉수가 제주 지역에 빽빽하게 들어서고, 이들 마다 군사도 배치해 운영되었던 점은 제주 주민들에게 계엄적 분위기를 자아냄과 아울러 그에 따른 통제의 효과를 기하려는 의도도 곁들여져 있었을 것으로 추정하고 있다(김일우, 2016, 308~309, 한국향토문화전자대전).

2) 연대의 구조

그림 107은 제주특별자치도에서 2015년 10월 6일에서 2016년 1월 31일 사이에 전시한 『제주의 방어 유적』에 수록된 1914년 산방연대 모습이다. 그림을 통해 연대를 구성하는 주요 시설들을 살펴보면 다음과 같다.

산방 연대를 보면 연대가 있고 연대 중앙에는 연소실이 있다. 그리고 연대 주변에는 호와 방호벽, 봉수군의 생활시설인 주거용 건물과 창고로 사용하는 고사 등이 있다. 이중 흙이나 돌로 담장처럼 두른 방호벽은 방호 기능뿐만 아니라 봉수군이 짐승으로부터 피해 입는 것을 방지하거나 혹은 항시 불을 다루므로 실수로 불이 주변으로 번지는 것을 방지하기 위한 방화용으로도 사용되었다.

이 같은 시설은 연대가 봉수대의 역할뿐만 아니라 적의 침입 때는 자체적으로 응전하고 방어하는 요새적인 기능도 가졌다는 것을 보여준다. 따라서 연대는 단순한 통신 기능만을 한 것 아니라 자체 방어와 지역 주민들에게 위험을 알리는 정보 기능을 함께 수행한 것으로 보인다(제주특별자치도 민속자연박물관, 2015, 15~16).

그림 107 | 1914년 산방연대의 모습(출처: 제주의 방어 유적)

연대가 자체적 방어 기능을 수행한 것은 연대의 위치와 관련이 깊은 것으로 보인다. 앞에서 살펴보았듯이 연대는 해안에 인접해 있다. 상황에 따라서는 적들이 1차 방어선인 환해장성을 넘었을 경우, 그 다음 만나는 곳이 연대이다. 이런 특징으로 연대는 자체적인 방어 기능을 갖추었던 것으로 보인다.

100여 년전의 산방 연대의 시설에서 미루어 보면 앞에서 살펴 본 말등포 연대를 비롯한 여러 연대들은 지금처럼 연대만 덩그렇게 있었던 것은 아니다. 과거에는 현재보다 상당히 넓은 범위에서 방어시설인 호, 방호벽, 막사, 창고와 같은 시설들을 구비하고 있었다.

연대를 처음 보았을 때는 현재의 규모에 별장 6명과 봉군 12명이 있었다는 것이 선뜻 이해가 되지 않았다. 그러나 연대가 연변 봉수로서의 기능뿐만 아니라 해안의 최전선에서 자체적인 방어 기능까지 수행하였다는 사실로 보면 충분히 필요한 인원이라는 것을 알 수 있다.

이상에서 살펴본 연대는 환해장성과 더불어 제주도의 특수성을 반영한 제주도의 독특한 관방시설이다. 이들은 특히 조선 초기에 와서는 체계적으로 정비, 축조되기 시작했다. 고려말부터 왜구의 침략이 잦아졌고, 그 규모도 점차 커졌기 때문이다(김일우, 2016, 296). 이 같은 역사를 가진 연대를 통해 제주도 역사를 이해하고, 그것을 통해 다시 연대와 환해장성을 보면서 고려와 조선 시대 제주민들의 삶을 이해할 수 있다.

Ⅱ

제주의 무덤과 용천

1

무덤

제주도에 온지 이틀째 되던 날 용두암으로 갔다. 용두암을 보고 주차해 둔 차로 가기 위해 CU 용연다리점을 지나다가 도로 옆에 있는 무덤을 보았다. 도로를 사이에 두고 한쪽은 집들이, 다른 쪽은 무덤들이 있었다. 놀랍게도 도로를 사이에 두고 산자와 죽은 자의 공간이 공존하였다.

그림 108 ❙ 용두암 부근 마을 속의 무덤

3월 12일에는 올레길 8코스를 걸었다. 대포 포구에 주차한 후, 올레길 8코스를 따라 150m 쯤 가다가 감귤밭 중간에 있는 무덤을 보았다. 이 지역에는 감귤밭마다 무덤이 있었다. 마을 속에 집과 무덤이 함께 있는 용두암 지역과 달리 여기는 마을에서 약간 떨어진 감귤밭에 무덤들이 있었다.

감귤 밭은 삶을 위한 치열한 노동의 공간이다. 반면 감귤 밭 속의 무덤은 죽은 조상을 모시는 엄숙하고 성스러운 공간이다. 감귤 밭이라는 같은 공간 속에 노동이라는 동적인 시간과 죽음이라는 정적인 시간이 공존한다. 이렇게 보면 용두암 지역의 무덤과 마찬가지로 여기서도 삶과 죽음의 공간이 공존한다.

독특한 문화이다. 육지의 무덤들은 사람들이 사는 마을과 분리 되어 있다. 대부분의 무덤은 마을에서 떨어진 산속에 있다. 그런데 제주도에는 산자와 죽은 자의 공간이 공존한다. 왜 그럴까? 무엇이 이런 문화를 만든 것인가?

그림 109 ❙ 감귤밭 속의 무덤

1) 무덤 위치: 삶과 죽음이 공존하는 공간

(1) 지형과 토지 이용

옛날 시골 집 부뚜막에는 큰 무쇠 솥이 걸려있었다. 솥의 아가리는 무쇠 솥뚜껑으로 덮여 있다. 솥뚜껑은 완만한 포물선 형태를 띠어 마치 방패 같다. 솥의 꼭지, 즉 손잡이는 포물선의 중앙부 가장 높은 곳에 솟아 있다. 이런 형태의 솥의 가장자리에서 꼭지 쪽으로 개미가 올라간다고 생각해보자. 외부에서 보면 개미는 경사와 고도가 높은 곳으로 올라가고 있다. 그러나 올라가는 개미는 비슷한 고도와 경사를 가진 평지 상을 가는 것처럼 느낀다. 솥뚜껑이 완만한 포물선 형태를 띠기 때문에 그 속에 있는 개미는 경사와 고도의 차이를 크게 느끼지는 않는다. 솥뚜껑 중앙으로 가면 갑자기 장벽처럼 높은 곳이 나타난다. 그곳이 꼭지이다. 비유가 적절한지 몰라도 제주도의 한라산은 큰 무쇠 솥 뚜껑 위에 작은 밥공기를 엎어 놓은 모습이다. 이 같은 모습을 가지게 된 것은 위치에 따른 용암의 특성 때문이다.

용암은 규산(SiO_2)의 함량에 따라 산성(66% 이상), 중성(66~52%), 염기성(52~45%), 초염기성(45% 이하)으로 나뉜다. 제주도에서 가장 많은 현무암은 염기성암이고, 산방산과 한라산 정상부는 조면암질 안산암으로 중성암의 성격을 띤다. 용암의 색상은 규산의 함량과 관련되는데, 이것의 함량이 낮으면 검은 색을 띤다. 제주도의 용암들이 검은 색을 띠는 것은 규산의 함량이 낮은 염기성 용암인 현무암이 주성분이기 때문이다. 그리고 염기성 용암은 온도가 높고 유동성이 크다. 그래서 멀리까지 흘러간다. 반면 안산암, 조면암과 같은 중성암들은 온도가 낮고 유동성이 작아 용암이 분화구 위로 천천히 밀려올라온 후 옆으로 약간 퍼진다. 그래서 모양이 종처럼 둥글게 된다(권혁재, 1999).

제주도 형상을 무쇠 솥뚜껑에 비유하면서 솥의 꼭지에 작은 밥공기를 엎어 놓은 것과 같다고 할 때, 밥공기의 위치는 한라산 정상부이다. 이곳이 밥공기 같은 것은 발달 과정의 특징 때문이다. 한라산 정상부를 만든 용암은 조면암질 안산암이다. 이 용암은 앞에서 보았듯이 유동성이 작아 멀리 흘러가지 못하고, 위쪽으로 쏟아 올라와서 옆으로 약간 퍼진다. 이런 과정으로 형태는 마치 종과 같다. 이런 형태의 화산 지형을 용암원정구(溶岩圓頂丘)라 한다. 한자 뜻풀이를 하면 용암으로 된 원형의 정상을 가진 언덕이라는 뜻이다. 전형적인 용암원정구의 사례는 산방산이다(그림 110 참조). 그림 111의 한라산 전경을 보면 한라산 정상부는 방패 모양으로 완만한 경사를 가진 한라산 산체 위에 마치 산방산을 얹어 놓은 것 같은 모습이다. 이 같은 형태는 한라산 정상부가 용암원정구이기 때문이다.

한라산 정상부를 제외한 한라산의 산체가 솥뚜껑 또는 방패 같은 형태를 띠는 것도 용암의 성격 때문이다. 한라산체를 만든 용암은 염기성으로서 유동성이 크다. 이 때문에 중심 화구에서 흘러나온 다량의 염기성 용암은 사방으로 멀리까지 흘러내렸다. 이런 과정의 반복으로 오늘날 완만한 경사를 가진 한라산체가 만들어졌다.

그림 110 ❙ 용암원정구인 산방산

그림 111 ❙ 용암원정구인 한라산 정상부와 방패 모양의 순상화산인 한라산체 모습

방패모양의 순상화산인 한라산의 지형 특징을 잘 이해할 수 있는 것 중 하나가 도로들이다. 제주도를 다니면서 놀라는 것 중 하나는 대부분의 도로가 곧고, 넓다는 점이다. 박정희 대통령 때 건설된 5.16 도로와 일부 오래 된 도로들을 제외하면 한라산을 종단하고, 횡단하는데도 그러하다. 그림 113와 114는 해발고도 350m와 400m 상의 도로이다, 그런데 고도에 비해 도로는 끝이 안보일 정도로 곧고, 굴곡도 크지 않다. 고도 350~400m 사이의 도로를 달리는데 마치 평지 위의 도로를 달리는 것 같다.

그림 112 ❙ 제주도 교통도(출처: 제주특별자치도청)

그림 113 ❙ 이시돌 목장 부근 도로(해발 고도 350m 정도)

그림 114 ❙ 신록남로(해발고도 400m 정도)

도로만이 아닌 주변 경관도 고도에 관계없이 평탄하다. 물론 여기서의 평탄은 고도에 비해 평탄하다는 뜻이다. 중산간 지대 도로 옆에 목장이 많은 것도 순상 화산인 한라산체의 지형 특징과 관련이 깊다. 중산간 지대가 이러하니 평탄한 용암대지로 구성된 해안가는 굳이 이야기하지 않아도 될 정도이다. 이는 평지와 산지의 경계가 모호하다는 뜻이다.

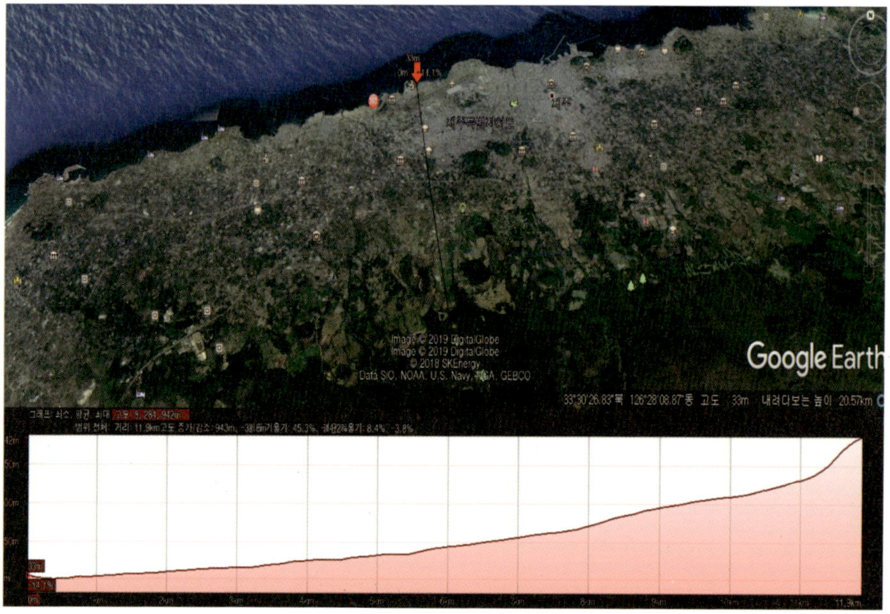

그림 115 ❙ 도두항에서 어승생악 사이 종단면도(지도, 구글어스)

해안지역은 평탄한 용암대지, 중산간 지대는 완만한 사면 경사를 가진 순상화산(김미령, 2003, 10)인 제주도 지형의 특성은 구글어스를 통한 지형 종단면도에서도 확인할 수 있다. 그림 115는 도두항에서 어승생악 사이 12km 구간의 종단면도이다. 그림에 나타나듯이 해안에서 어승생악으로 가면서 지형 경사와 고도는 완만하게 증가한다. 전체적으로 보면 고도와 경사가 증가하지만, 그림 117과 118의 육지의 지형 종단면처럼 급격한 고도와 경사 변화는 없다. 이 때문에 인간의 가시거리 범위내의 지형은 육지와 비교되지 않을 정도로 평탄하게 보인다.

그림 116 ❙ 초계분지의 3D 모습

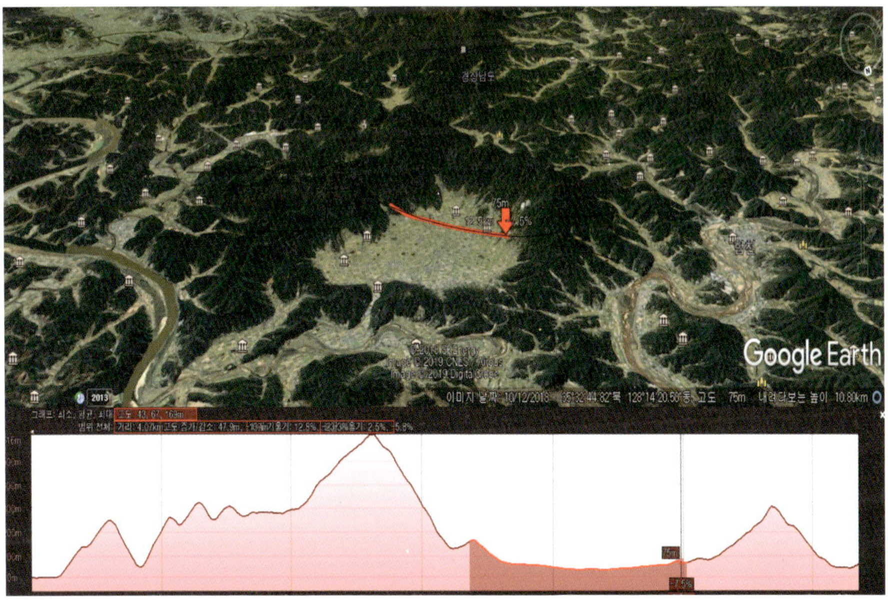

그림 117 ❙ 초계 분지의 횡단형 모습

제주도와 달리 육지는 평지와 산지가 명확히 구분된다. 육지에서 사람들이 주로 사는 곳은 분지이거나 곡저평야이다. 특히 분지에 많이 산다. 분지에서는 산지와 평야의 구분이 명확하다. 바다와 육지의 구분만큼 산지와 평야가 쉽게 구분된다.

산지와 평야의 차이는 그림 117의 초계분지의 횡단면도에서 뚜렷이 드러난다. 분지 바닥과 분지 주변 산지는 고도, 경사, 형태 등 모든 면에서 명확히 구분된다. 사람들은 분지의 바닥, 특히 분지와 산지의 경계부에 산다.

육지에서는 지형 차이만큼 토지 이용의 차이도 크다. 이는 토양이 다르기 때문이다. 토양이 다르다는 것은 토양의 발달 과정이 다르고, 토양을 만든 기반 지질이 다르다는 것을 의미한다. 지형과 토양, 토지이용의 관계는 그림 118과 119에서 볼 수 있다.

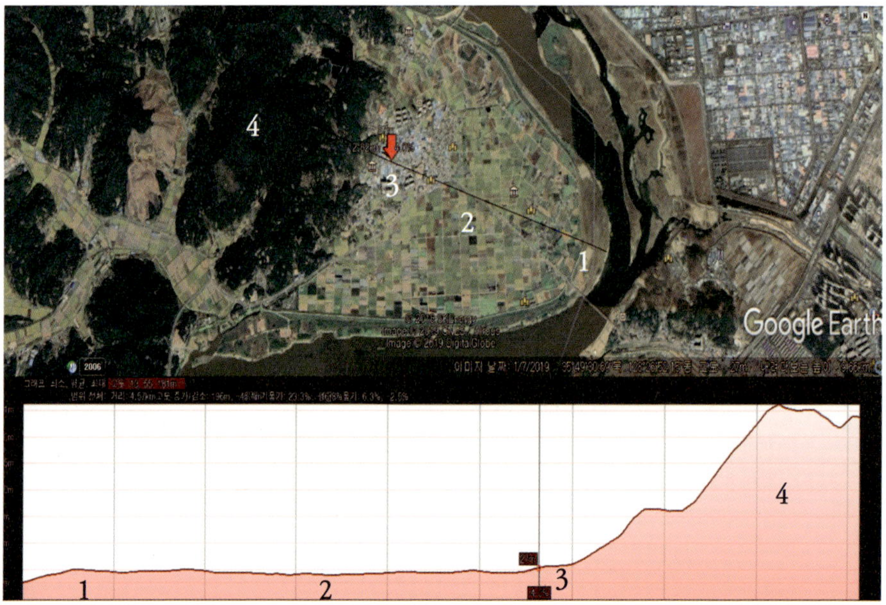

그림 118 ❙ 고령군 다사면의 횡단면도(1: 호촌리, 2: 평리리, 3: 상곡리)

그림 118은 대구와 낙동강을 경계로 나누어지는 고령군 다사면 지역으로 지도에 있는 강은 낙동강이다. 그림에서 횡단선은 낙동강에서 상곡리 마을의 뒷산까지이다. 그림에서 보듯이 고령군 다사면은 낙동강을 연하여 넓은 평야가 발달해 있고, 평야와 산지의 경계부에 마을이 있으며, 그 뒤에 산이 있다. 전형적인 배산임수의 마을이다. 마을을 중심으로 지형은 산과 평야로 명확히 구분된다. 토지 이용도 지형만큼 명확히 구분된다. 지적 편집도 상의 토지 용도를 보면 마을 앞 지역은 모두 논으로 이용되고, 마을 뒤는 임야가 주이고 곳곳에 묘와 밭이 있다. 지형과 토지 이용이 정확히 일치한다. 그리고 같은 평야 지역이지만, 낙동강을 연한 호촌리는 밭으로 되어 있다. 이는 이 지역이 낙동강의 범람으로 발달한 자연제방이어서 토양에 모래가 많기 때문이다. 호촌리와 평리리는 지형적으로는 같은 평야이지만, 토양의 차이로 토지 이용이 달라진다.

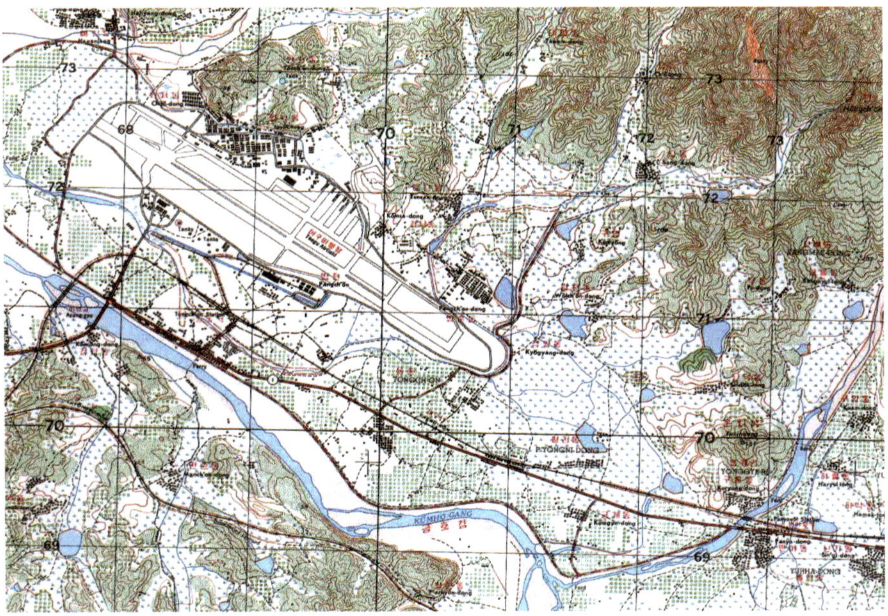

그림 119 | 1956년 현재의 대구국제공항 주변 토지이용

유사한 지형이지만, 토양의 차이로 인한 토지 이용의 차이는 그림 119의 대구광역시 동구 불로동과 지저동 일대의 토지 이용에서도 알 수 있다. 1956년에 제작된 이 지역의 토지 이용을 보면 지도에서 남동쪽에서 북서쪽으로 흐르는 금호강의 우측에 있는 초록색 점은 모두 과수원이다. 이는 그림 118에서 보았던 것처럼 금호강에 인접한 이 지역은 모래가 많은 금호강의 자연제방이기 때문이다. 이들 뒤에 보이는 푸른색 기호로 표시된 것들은 모두 논으로 이 지역의 토양은 점토와 실트로 구성되어 있다. 논의 배후에는 산지가 이어진다. 이처럼 육지에서는 같은 평야 지역에서도 토양의 차이로 토지이용이 다르다.

(2) 토지 이용과 무덤 입지

육지 사람들은 지형과 토양에 따른 토지이용의 차이를 당연시 여긴다. 평야는 농사를 짓는 곳이고, 평야와 산이 만나는 부근은 마을이 들어서는 곳이라는 인식을 당연시한다. 그곳은 일상의 삶이 이루어지는 곳이다. 반면 평야의 배후에 있는 산지는 사람들이 살지 않는 곳으로 비일상적인 공간이다. 그곳은 밤이 되면 빛이 없는 공간으로 변한다. 밤과 어둠은 두려움을 생산한다. 도깨비와 귀신같은 이야기가 만들어지는 곳이 바로 산지이다. 그곳에 무덤이 있다.

집과 무덤의 위치 차이로 볼 때, 땅의 속성에 맞는 토지이용이라는 육지 사람들의 인식이 삶과 죽음의 공간 조성에도 영향을 미친 것으로 보인다. 그 결과로 수많은 재화와 정보가 오고가고, 일상의 노동이 이루어지는 넓고 평탄하며 밝음이 있는 땅은 산자들이 살아가는 공간이 되고, 어둡고 지형 기복이 큰 산은 죽은 자들이 사는 공간이 되었다고 할 수 있다. 이런 인식으로 묘지를 선택하는 풍수도 지형의 영향을 강하게 받는다.

육지와 달리 제주도는 순상화산체의 특성으로 지형 구분이 뚜렷하지 않다. 사람들이 많이 사는 해안지역은 특히 그러하다. 용암대지성 지형이기 때문에 오름을 제외하면 어디를 보아도 평지이다. 토양도 거의 대부분 화상활동에 유래한 것이어서 육지와 달리 지역 간에 큰 차이가 없다. 토양의 발달과 토지 이용에 중요한 영향을 미치는 하천은 물이 쉽게 빠지는 지질 특성상 대부분이 건천이다. 이와 더불어 투수력이 높은 현무암으로 구성되어 있고, 형성 시기가 아주 젊은 지형이기 때문에 토양층의 발달은 아주 미약하다. 곳곳에 기반암이 표층까지 나타난다. 이런 거친 환경은 제주도 어디에서든 유사하다. 이 때문에 여기든 저기든, 멀리 있든, 가까이 있든, 비슷한 지형과 토양들이다. 굳이 지역에 따라 토지이용을 달리해야 할 이유가 없다. 어디에서 무엇을 해도 비슷하기 때문이다. 하여서 토지이용은 지형에 따른 어쩔 수 없는 인간의 선택이 아니라 인간의 필요에 따른 선택이 된다. 경작지는 땅의 차이에 의해 생긴 곳도 있지만, 수많은 곳들은 돌을 골라내는 인간의 노력으로 생겼다. 이런 환경 속에 평생을 살아가는 제주도 사람들의 토지이용관은 육지 사람들의 그것과 다르게 형성될 것이다. 즉 육지 사람들의 토지이용관은 지형과 밀접한 관련 속에 형성되기 때문에 다분히 관계적이면서도 이분법적이다. 여기서 하는 일과 저기서 하는 일이 다르다고 인식하기 때문이다. 반면 제주도 사람들은 육지에 비해 상대적으로 비관계적이고, 비이분법적이다. 지형이 인간의 선택에 영향을 미치는 것이 아니라 인간의 필요에 따라 지형을 선택하고, 토지 이용을 결정하기 때문이다. 융통성이 생길 수밖에 없다.

제주도의 무덤 위치 선정에 이 같은 인식이 영향을 미쳤을 것으로 보인다. 이로 인해 어떤 지형 또는 어떤 지역에 무덤을 써야 한다는 고정관념이 육지에 비해서는 강하지 않을 것이다. 이런 맥락과 토양 특성을 고려하면 제주도의 무덤 위치는 관을 묻기 용이한 곳이 좋다. 제주도에서 토양층이 상대적으로 깊게 발달한 곳은 이미 여러 차례 밭갈이를 하면서 기본적으로 토층을 확보하고 있고, 암반 지대를 쉽게 알 수 있는 장점이 있는 마을 주변의 밭이다. 따라서 무덤이 특정 지역에 있어야 한다는 고정 관념이 강하지 않다면 이곳은 무덤으로 사용하기가 좋은 장소이다. 이는 제주의 지관들이 관을 묻기 좋은 토층을 잘 찾는 것을 중요시 여기는 것에서도 잘 알 수 있다(김유진, 손명철, 2007, 81).

이 뿐만 아니라 집 주변에, 혹은 자신의 경제적 활동 공간인 밭에 무덤을 만들면 여러 장점이 있다. 마소와 같은 동물의 침범, 화전에 의한 피해, 또는 조상의 묘지 주변에 다른 사람들의 토지 침범에 대해 빠르게 대처할 수가 있다.

무덤 입지와 관련된 이 같은 추론은 역사적으로 보아도 알 수 있다. 밭머리에 무덤(田頭起墳)을 만든 기록은 16세기 중반의 「신증동국여지승람」에 처음 나온다. 여기에는 '...밭머리를 조금 파고 무덤을 만든다' 라는 기록이 있다. 이 같은 전두기분(田頭起墳)은 17~18세기에도 마찬가지였다. 제주 목사로 부임한 이형상이 저술한 「남환박물」에는 '....밭머리에 분묘를 만드는 것은 지금이나 옛날이나 같다'라고 되어 있다. 또한 제주도에서의 매장 풍속이 조선 시대에 와서 이루어지기 시작했다는 기록인 이원조가 쓴 「탐라지초본」에는 '1443년(세종 25)에 기건이 제주목사로 왔을 때만 하여도 제주 지역 사람들은 매장하는 법을 알지 못하고, 시체를 구렁에 두는 경우가 많아서 관으로서 염장하는 법을 가르쳤다'라고 되어 있다(조정곤, 2015, 107-109).

이상의 기록으로 볼 때, 밭머리에 무덤을 만드는 풍습은 매장이 시작된 무렵부터 있었을 가능성이 높다. 이는 조선시대나 지금이나 제주도의 지형 특성은 같고, 그에 따른 토지 이용 역시 유사하기 때문이다.

무덤 입지와 관련된 지역적 증거는 조천읍 신흥리의 해변 마을에서 확인할 수 있다. 신흥리 마을은 해안에서부터 북쪽으로 200m 범위 안에 있는 마을로서 남북으로 200m, 동서로 약 500m 정도이며, 마을 면적은 113,336m^2 정도이다(그림 120 참조). 바다를 제외한 마을의 동, 서, 남쪽에는 넓은 들이 있어 이곳은 신흥리 해변과 더불어 마을 사람들의 주요 경제적 터전이다. 마을 주변 경작지의 토지 이용을 지적 편집도로 조사한 결과 신흥리 마을 주변에서 무덤이 가장 많은 곳은 마을에 인접한 북쪽 지역이다. 이 지역을 조사 범위로 하여, 지적편집도로 토지이용을 조사하였다.

그림 120 ❙ 조사 지역 범위(1: 신흥리 해변, 2; 신흥리 마을, 흰색 범위: 조사 지역)

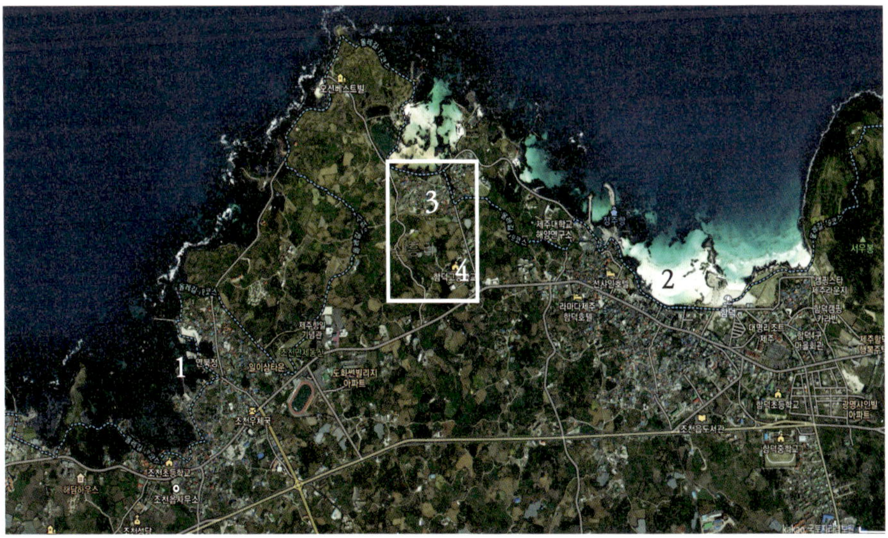

그림 121 ❙ 조사 지역의 위치(1:조천항, 2:함덕해변, 3:신흥리 마을, 4;함덕 고등)

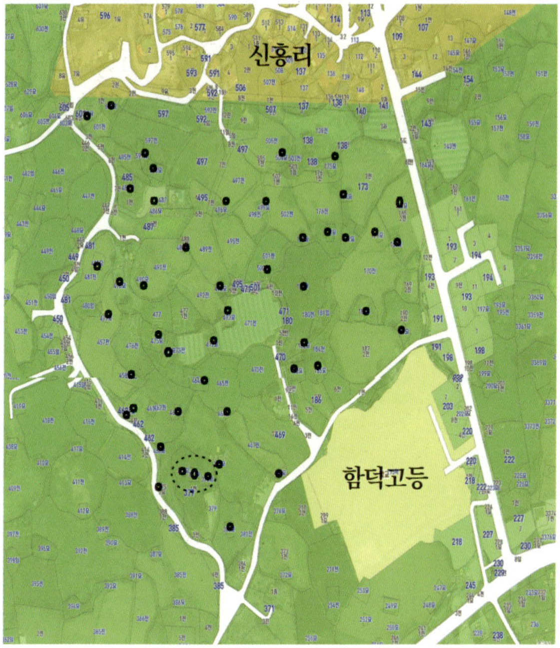

그림 122 | 조사 지역 내의 무덤 분포(검은 원: 무덤, 점선의 원: 그림 123 지점)

가로 275m, 세로 400m 정도의 조사 지역에 있는 무덤은 45개[16]이다. 이 정도의 무덤은 육지에서는 동네 뒷산에 있는 꽤 큰 공동묘지에서 볼 수 있다. 그러나 이곳은 공동묘지가 아니다. 이곳의 토지 이용은 크게 두 가지이다. 하나는 마늘을 재배하는 밭이고, 다른 하나는 무덤이다. 무덤은 마늘 밭의 한 켠에 있다. 이는 이 지역의 토지이용은 마늘 재배가 주이고, 무덤은 마늘 밭에 딸린 부수적 토지이용이라는 것을 의미한다.

무덤은 대개 밭의 가장자리에 있다. 이는 토지이용의 효율성을 위한 위치 선정으로 보인다. 이 역시 이곳의 토지 이용의 핵심은 무덤이 아니라 밭이라는 것을 의미한다. 그렇다하여 모든 무덤이 밭의 가장자리에 있는 것은 아니다.

16) 지적편집도에 나타난 토지 용도로 보면 조사 지역의 무덤은 45개였다. 그러나 실제 답사로 확인했을 때는 도로 확장 공사로 인한 무덤의 소실 뿐만 아니라, 무덤 이장으로 무덤을 둘러쌌던 산담은 있지만 봉분이 없는 경우가 꽤 되었다.

밭의 중간에 있는 곳도 있고, 밭의 한 쪽 방향에 치우쳐 있는 곳도 있다. 뿐만 아니라 하나의 밭 안에 3~4개의 무덤이 있는 곳도 있다. 밭 속의 무덤의 위치가 어디이든, 몇 개 있던, 밭에서는 일상의 노동이 이루어지고, 밭의 한 켠에는 일하는 사람의 죽은 조상의 집이 있다.

그림 123 ❙ 그림 122의 점선안의 무덤(좌측의 건물은 함덕 고등이다)

이상에서 보듯이 제주도의 무덤 입지는 제주도만의 지형적, 토양적 특징에 기인한 제주 주민들의 토지이용의 결과로 추론된다. 그것이 산자와 죽은 자의 공간이 공존하는 제주도만의 독특한 묘지 문화를 만든 것으로 보인다.

2) 무덤 구조: 죽은 자를 위한 진짜 집

살아있는 사람이 사는 집을 양택(陽宅)이라 하고, 죽은 자가 사는 집을 음택(陰宅)이라 한다. 집의 의미에서 보면 햇빛이 드는 곳(양택)이든, 햇빛이 들지 않는 곳(음택)이든 집으로서의 기본 구조는 가져야 한다. 생활할 건물로서 집이 있어야 하고, 그것을 보호할 담, 그리고 집으로 들어오고 나가는 문은 기본적으로 있어야 한다. 덤으로 마당이 있으면 더욱 좋다. 이 때 집은 자신만의 영역을 가지고, 안전하게 거주할 공간이 된다. 이 같은 의미에서 보면 죽은 자의 집이 산 사람의 집처럼 자신만의 영역을 가진다면 그곳은 진정한 의미한 '음택'이 된다. 제주도의 무덤이 그러하다.

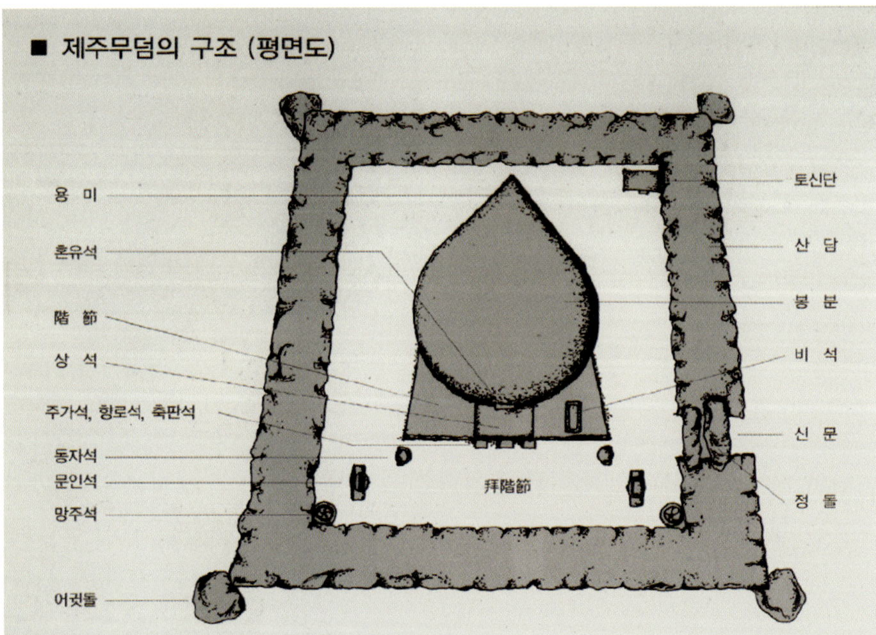

그림 124 ❙ 제주 무덤의 평면도(출처: 제주의 무덤, 78)

육지 무덤과 구분되는 제주 무덤의 특징을 보면 다음과 같다. 그림 124에서 보듯이 죽은 자가 사는 집에 해당하는 봉분이 있고, 그것을 둘러싸고 무덤의 영역을 나타내는 '산담[17]'이라 불리는 돌담이 있다. 산담과 봉분 사이의 공간을 양택에 비유하면 집의 마당과 같다. 이 때문에 산담의 안쪽은 죽은 자만의 사적 공간이다. 다른 망자의 집과 엄격히 구분되는 특정 망자만을 위한 개별 공간이다. 담과 마당이 있으니 출입문도 있다. 제주도 무덤에는 죽은 자가 자신의 집(음택)으로 들어오는 출입구인 신문[18]이 있다. 산담의 네 모퉁이에는 산담을 받쳐주는 어귓돌[19]이 있다.

이상에서 보듯이 집과 봉분, 집담과 산담, 대문과 신문, 마당과 산담과 봉분 사이의 여유 공간 등의 관계로 볼 때, 제주도 무덤은 산자들의 집과 별반 다를 바 없는 구조이다. 무덤이 마을 인근에 위치한다는 점까지 합친다면 제주도 무덤은 산자들의 삶의 공간과 위치적으로, 형태적으로 아주 유사하다. 이는 우연의 일치만은 아닌 것 같다. 보다 깊은 연구가 필요하겠지만, 환경의 영향을 넘어 삶과 죽음에 대한 제주도만의 독특한 생사관이 있어 그것이 영향을 미쳤는지도 모른다.

---

17) '산담'이라는 이름은 무덤의 형상이 산과 같다하여 무덤을 '산'으로 부르는 것(김유정, 손명철, 2017)에서 유래하였다는 설이 있고, 산소를 줄여서 '산'으로 부른다는 설도 있다. 어째든 봉분, 즉 산을 둘러싼 담이라 하여 '산담'이라 부른다.

18) 신문의 위치는 '여자의 묘는 오른 쪽에, 남자의 묘는 왼쪽에 50㎝가량 담을 튼다' 고 한다. 풍수가 정성필은 '남좌여우(男左女右)는 원래 음양의 이론으로서 남자는 양(陽)에, 여자는 음(陰)에 해당하여 좌측은 양이 되고 우측은 음이 된다. 그리고 신문은 망자의 성별(남, 여)에 따라 다르지만, 매장 방식(합묘, 쌍묘)에 따라서도 다르다. 또 지형지세를 고려하기도 하고, 망자와의 관계에서 방위설에 따라 다르기 때문에 산담 정면이나 정측면(正側面)에 신문을 두기도 한다. 20세기 이후에 조성된 산담에는 신문을 만들지 않고 그냥 막아버린 경우가 많다(김유진, 손명철. 2007). 이로 인해 신문이 있는 무덤도 있지만, 신문이 없는 무덤도 많다.

19) 어귓돌, 혹은 귓돌이라고도 한다. 산담 네모퉁이에 정초석 역할을 하는 팡돌이다. 이 돌은 산담의 중심을 잡아주며 무덤 출입을 용이하게 하는 역할을 한다. 속설에는 어귓돌은 망자의 사위들이 직접 운반하여 놓아야 한다고 하는데 어귓돌 운반이 일종의 산담 작업을 마무리한다는 의미에서 사위를 내세우는 풍습이 있다(김유진, 손명철. 2007).

그림 125 Ⅰ 산담에 있는 남자 무덤의 신문(사려니 숲의 무덤)

그림 126 Ⅰ 산담에 있는 여자 무덤의 신문(사려니 숲의 무덤)

그림 127 ❙ 산담에 있는 어귓돌(사려니 숲의 무덤)

그림 128 ❙ 육지 무덤 일반적 경관

제주도의 무덤과 달리 육지의 무덤은 일반적으로 봉분이 있고, 그 앞에 상석, 그리고 그 옆에 망주석과 묘비로 구성되어 있다. 여기까지는 제주도 무덤과 비슷하다. 그러나 가장 중요한 무덤의 영역을 표시하는 산담과 같은 담장이 없다. 담이 없으니 신문과 같은 죽은 자의 출입구가 없는 것은 당연하다. 이 같은 차이로 볼 때, 제주도 무덤은 육지 무덤과 달리 개별성과 영역성을 강조한다는 것을 알 수 있다. 이 같은 특징을 만든 핵심은 산담이라 할 수 있다.

제주도 무덤에는 왜 산담이 있는가?

산담이 제주도만의 특징이지만, 제주도에는 산담 뿐만 아니라 여러 종류의 돌담이 있다. 집을 둘러싼 집담이 있고, 밭의 경계를 표시하는 밭담이 있으며, 목장의 울타리 역할을 하는 돌담인 잣성이 있다. 뿐만 아니라 밀·썰물을 이용하여 고기를 잡기 위해 바닷가에 쌓은 갯담(원담)도 있고, 재래식 화장실을 둘러싼 통싯담도 있다.

이처럼 제주도에서는 돌이 담이 되면서 공간이 생기고, 자신들만의 영역을 갖기 시작하였다. 제주도의 산, 들, 바다는 돌로 인해 비로소 삶의 공간으로 바뀌었다 하여도 과언이 아니다. 이와 관련된 가장 일상적인 것이 밭담과 집담, 그리고 산담이다. 이들은 영역을 표시하고, 영역을 보호한다는 목적과 돌이라는 재료를 사용한다는 점에서는 공통적이다. 집담과 밭담이 산자를 위한 것이라면 산담은 죽은 자를 위한 것이다.

산 자이든, 죽은 자이든 그들의 삶의 공간을 만든 제주도의 돌담은 제주도의 지질 및 지형 환경에 제주민들이 적응한 결과이다. 다시 말해 돌로 가득한 척박한 자연환경에 살아남기 위한 제주민들의 치열한 삶의 결과가 돌담이다. 돌이 가득한 땅에서 살아남으려면 돌을 제거해야 한다. 그래야 작물을 경작하는 밭을 만들고, 비바람을 피하는 집을 세울 수 있다. 이것은 마치 나무가 많은 태백산지에서 사는 사람들이 주변에서 구하기 쉬운 나무를 판자처럼 잘라 너와집을 만든 것과 같다. 혹은 눈이 많이 오는 울릉도 나리 분지에서는 집의 구조를 우데기식으로 만들어야 살 수 있고, 북부지방과 같이 추운 곳에서는 ㅁ자 형식으로 집을 지어야 추운 겨울을 지낼 수 있는 것과도 같다. 이들 모두는 인간이 살아남기 위해 주변 환경에 최적으로 적응한 결과이다.

그림 129 Ⅰ 집담(좌상), 밭담(우상), 갯담(좌하), 통싯담(우하)

돌을 제거하는 일은 힘들기 그지없는 일이다. 힘들게 제거한 돌을 주변에 버리면 언젠가는 그 돌을 다시 제거해야 한다. 따라서 제거한 돌을 효율적으로 활용하는 것이 가장 좋다. 제주도는 바람이 많고, 마소가 많다. 이 때문에 바람으로 토양이 소실되고 바람으로 가옥이 훼손될 수 있다. 마소가 밭을 망칠수도 있다. 그런데 밭과 집터에서 제거한 돌로 담을 쌓으면 이들의 피해로부터 벗어날 수 있다. 일석이조이다. 밭담과 집담은 이런 고민의 결과로 만들어졌을 것이다. 결국 제주도의 돌담들은 제주의 자연환경을 가장 잘 아는 제주인들이 자신을 둘러싼 자연환경을 적극적으로 해석하고 이용한 결과이다. 다시 말해 생활 속에서 얻은 지혜로 제주도의 자연 환경에 적응하고, 순응한 결과가 밭담과 집담을 비롯한 제주도의 돌담이다.

조정곤(2015)은 '고려시대 제주 판관 김구(1211-1278)가 밭두렁이 없어서 사나운 사람들이 남의 땅을 제 것으로 만들어버리는 문제를 해결하기 위해 제주 각지에 영을 내려 담을 쌓게 하였다'라는 기록을 토대로 '밭담은 고려 시대 김구에 의해 최초로 만들어졌다'라고 언급하였다. 기록상으로는 충분히 그럴 수 있다. 그러나 제주도의 지질 및 지형 특징을 볼 때, 판관 김구가 명을 내리기 이전부터 일부 사람들은 밭담과 집담을 만들어 사용하였을 가능성이 높다. 물론 지금과는 달랐을 수도 있지만 여기저기서 사용하였을 것이다. 인간이 자연에 적응하는 것은 지극히 당연한 일이기 때문이다. 이렇게 보면 이미 일부 사람들이 사용하던 밭담을 판관 김구가 당시 사회 문제를 해결하기 위해 널리 퍼뜨렸을 가능성이 있다.

한편 내 것에 대한 소유욕은 인간의 본능이다. 성장하면서 인간의 소유욕은 개별 물건에서 공간으로 넓어진다. 지켜야 하는 것도 내 것에서 내 공간으로 확대된다. 내 공간을 지키는 시작이 영역 표시이다. 동물과 달리 인간은 어떤 구조물로 영역을 표시한다. 제주도에서 영역 표시는 돌이다. 지천에 널린 것이 돌이기 때문이다.

영역 표시는 그것을 지키고 보호하려는 의지의 표현이다. 환해장성은 제주도를 지키기 위한 의지 표현이다. 이 때문에 영역을 보호하는 돌담은 그것을 만든 사람에게는 의무이고, 그 속에 사는 사람들에 대한 정성이고, 예의의 표시이다. 가족의 안전을 위해 만든 집담은 가족에 대한 예의이고, 가족에 대한 사랑의 표현이자, 가장으로서의 의무의 표현이다. 이 같은 관점에서 보면 산담은 조상에 대한 의무이고, 자손으로서 예의이자 정성의 표현이다. 죽은 조상에게 예를 다하는 것은 유교의 상례이다. 죽은 조상이 살아갈 집인 봉분을 정성껏 쌓고, 그것의 영역인 산담을 쌓는 것은 조상의 집을 지키고 보호하려는 자손으로서의 정성이고, 예의이다. 유교문화가 통치 이념인 조선에서는 특히 그러하다.

제주도의 경우 육지에서 멀리 떨어져 주자가례에 의한 제례와 상례가 육지보다는 일반화된 것은 늦었지만, 조선 초기에도 제주의 일부 계층에서는 유교적 상례가 이루어졌다는 기록들이 있다[20]. 제주 일부 계층에서 이루어지기 시작하였지만 주자가례 중 특히 상례는 봉분과 산담의 발달에 영향을 미쳤을 것으로 보인다. 이 같은 추론은 산담과 관련된 가장 오래된 기록인 세종실록에서 알 수 있다. 세종실록 12년(1430)에는 다음과 같은 기록이 있다. '예조에서 전라도 감사의 공문에 의거하여 아뢰기를, 제주에 사는 전 교도(教導)[21] 양심이라는 자는 부친이 죽고, 어머니를 효성으로 섬기더니, 어머니가 죽자 매장하여 봉분을 만들고 곁에 여막을 지으려 하였으나 그 형제, 친족들이 집이 가난하여 이를 중지하라고 하였으나 듣지 않고 "토석(土石)을 지어서 봉분을 조성"하여 삼년상을 한결같이 가례에 따라 봉행하였으니 청컨대 정문[22]하고 서용[23]하십시오. 이에 세종은 '여막 3년은 인자지상사이나 이것을 해외인(海外人)이 하니 그 효성을 정표(旌表: 널리 알림)하라고 윤허하였다'는 구절이 있다(김인호, 1995, 230-231). 이 기록에서 보듯이 조선 초기에 해당하는 세종 시기에 제주에도 일부이지만[24] 주자 가례에 의한 상례(喪禮)가 이루어졌다는 것을 알 수 있다.

20) ≪세종실록≫ 2년(1420) 정월 경신(21일)일의 기록에 의하면, 태종 6년(1406년)에 주부(注簿) 벼슬이었던 문방귀가 부친 상례(喪禮)를 가례(家禮)에 따라 행하였고, 분묘를 3년이나 지키는 유교식 제도를 이행하였다. 이것은 조선 개국(1392년) 후 14년 지난 시기이다. 후에 효자의 포상에 상신된 문방귀는 3년 상을 행하지 않는 제주의 풍속을 깨고 처음으로 유교식 3년 상을 치른 사람으로, 제주사회에 새로운 기풍을 세웠다(김유진, 손명철, 2007).

21) 고려·조선시대에 각 지방의 교육기관에 파견하던 교관(教官)(네이버 국어 사전).

22) 충신, 효자, 열녀들을 표창하기 위하여 그 집 앞에 세우던 붉은 문(네이버 국어사전)

23) 죄를 지어 면관(免官)되었던 사람을 다시 벼슬자리에 등용함(네이버 국어사전)

24) 세종실록에 세종이 양심에게 상을 내리면서 무덤 근처에 초막을 짓고 살면서 무덤을 지키는 일은 지극히 당연하지만 해외자가 그러하니 상을 주라고 한다. 이는 제주에는 당시에 그 같은 예가 일반화되지 않았다는 것을 의미한다.

한편 '이원조가 쓴 「탐라지초본」에 1443년(세종 25)에 기건이 제주목사로 와서 매장하는 법을 알지 못하는 제주 사람들에게 관으로서 염장하는 법을 가르쳤다(조정곤, 2015)' 라는 기록으로 볼 때, 조선 초기에 일부에 한하여 봉분에 의한 매장과 유교식 상례가 이루어졌다는 것을 알 수 있다. 이 같은 기록들로 볼 때, 제주도에서 산담과 봉분이 일반화된 것은 세종 때보다는 뒤의 시기였을 것으로 보인다.

한편 영역을 지키기 위해 담을 쌓은 것은 외부의 무엇으로부터 영역 안을 보호하자는 것이다. 산담 역시 무덤을 보호하고, 지키려는 목적으로 만들어졌다. 이와 관련된 최초의 기록은 이응호(1871-1950)가 저술한 《탐라국서》 〈풍속〉조의 '묘역위장' 이라는 항목에서 나온다. 이에 대한 내용을 김유진, 손명철(2007)의 제주도 무덤에서의 내용으로 보면 다음과 같다.

"무덤에 세 가지 걱정이 있으니 야화(野火)가 미치기 쉬운 것. 우마가 짓밟는 것, 경작하는 것이 점점 가까이 오는 것이니, 돌을 쌓는 것은 그 때문에 하는 것이다."

기본적으로 산담은 무덤을 보호하기 위한 돌담이다. 조선시대 제주에는 철이 매우 귀하였다. 그 이유로 돌밭을 개간하는 데 필요한 농기구가 절대적으로 부족하여 황무지 경작이 쉽지 않았다. 주로 너른 벌판에 불을 놓아 그 재로 거름을 삼아 씨를 뿌려 거두고, 장소를 이동하는 화전이 발달해 있었다. 들판에 있는 묘지에 화전의 불이 드는 것을 막기 위한 방편으로 묘지 주위에 담장을 두르게 된 것이다. 또한 제주는 예로부터 목장을 운영하기 좋은 자연적인 여건 때문에 목축산업이 발달하였다. 목장이 많다 보니 마소들이 묘지의 좋은 풀을 뜯기 위해 봉분에 오르는데, 봉분은 마소의 무게 때문에 한쪽으로 기울거나 흙이 파헤쳐져 보기 흉하게 되어 자손들의 마음을 아프게 하다 보니, 마소의 침입을 방지하기 위해 그 자손들이 산담을 쌓게 된 것이다. 그리고 경작지 가까이에 있는 묘지인 경우 농사를 짓는 사람이 밭을 갈 적마다 묘지의 면적을 점점 갉아먹어 봉분이 위태롭게 되어가자 하나의 방편으로 산담을 쌓아 봉분을 보호하게 된 것이다(김유진, 손명철, 2007, p 95~96).

한편 전술한 이유가 가장 타당하지만, 그 같은 이유를 만든 요인으로 제주도의 독특한 지형을 들 수 있다. 제주도는 한라산과 오름을 제외하면 산이 없다. 한라산은 순상화산체이어서 한라산 정상부를 제외하고는 경사가 완만하다. 이로 인해 지역간에 지형과 토양의 차이가 뚜렷하지 않다. 이 때문에 일부 지역을 제외하고는 어디서든 경작이 가능하다. 이는 한라산 정상부를 포함한 고고도 지역을 제외하고는 무덤을 어디에 사용하든 주변에 목장이 있을 수 있고, 화전이 이루어질 수 있다는 뜻이다. 이것은 제주도에서는 어디에 무덤을 사용하든 무덤과 다른 지역과의 영역 구분이 생기지 않는다는 것을 의미한다.

반면 육지는 지형 구분이 명확하다. 농사는 평야에서 이루어지고, 밭은 마을 주변 뒷산의 일부 지역에서나 가능하다. 산은 사람들이 살아가는 마을이 있는 평야 지역과 구분되는 다른 영역의 공간이다. 그곳에는 사람도, 마소도 없다. 이로 인해 무덤이 있는 지역, 특히 무덤이 많은 지역은 그 주변 자체가 무덤들의 영역이 된다. 죽은 자들의 공간으로 인식된다. 이런 이유로 육지의 무덤에는 제주도 무덤과 같은 돌담과 신문이 없는지도 모른다. 주변 자체가 심리적 경계로서 담의 역할을 하기 때문이다.

그림 130 Ⅰ 산속의 육지 무덤 경관

어째든 산담이 생기면서 무덤은 비로소 자신만의 영역을 갖게 되었다. 비바람 치는 들판에 덩그러니 있는 무덤이 아니라 담을 가진 번듯한 집이 되었다. 비로소 죽은 자가 사는 그럴듯한 집이 된 것이다. 그렇게 만들어 준 사람이 바로 후손들이다. 후손들은 농사철이면 매일 조상을 본다. 그 때마다 번듯한 조상의 집을 보면 조상에 대한 생각과 더불어 조상에 대한 후손으로서의 예와 정성을 다했다는 심리적 안정을 얻는지도 모른다. 이는 제주도의 장례 문화에서 추론 가능하다.

산담을 잘 쌓아 놓는 일을 제주의 장례문화에서는 '치례했다' 라는 표현으로 이야기 한다. 잘 쌓여진 산담을 보면 '치례했져(무덤을 잘 차려 놓았다)'라고 말하곤 하는데, 그 만큼 죽은 자를 위해 정성을 갖추었다는 뜻이다. 그러니 돈을 많이 내어 멋드러진 산담을 쌓는 것은 조상을 위한 예의이다(제주의 소리, 2017.5.22).

2

용천

제주도 관광을 한 단계 업그레이드 시키고, 도보 여행의 열풍을 가져온 올레길은 제주도 방언으로 집으로 통하는 아주 좁은 골목길을 뜻한다. '올레길' 걷기는 언론인 출신 서명숙이 스페인 산티아고 순례길을 걷고 나서 구상한 것이다. 대부분 해안을 따라 나 있는 제주 올레길에는 제주의 자연과 역사, 신화, 문화, 여성 등의 다양한 문화 코드가 깃들어 있다(Daum 백과).

이 같은 의미를 가진 제주 올레길의 대부분은 그림 131에서 보듯이 해안을 따라 발달해 있다. 이는 제주의 아름다운 자연이 해안에 많다는 의미도 있지만 제주의 역사와 문화, 신화, 여성과 관련된 것들이 해안에 밀집해 있다는 의미이다. 왜 해안에 이들이 밀집해 있는가?

그림 131 Ⅰ 제주 올레길(출처: 네이버 지식백과)

취락 분포도(그림 132 참조)에서 알 수 있듯이 제주 취락은 해안에 집중되어 있다. 반면 해안에서 내륙으로 가면 취락 분포는 희박해 진다. 마을의 규모도 해안 쪽이 내륙보다 크다.

2017년 제주지역통계를 보면 농업, 어업, 임업의 1차 산업이 제주도 산업에 차지하는 비율은 11.9%이다. 농업과 임업을 뺀다면 제주도 산업에서 어업이 차지하는 비율은 이보다 훨씬 적다. 어업과 취락 입지는 관련성이 없다고 해도 과언이 아니다. 그럼에도 취락이 해안에 밀집해 있다. 무슨 이유로 취락이 해안에 밀집하는가?

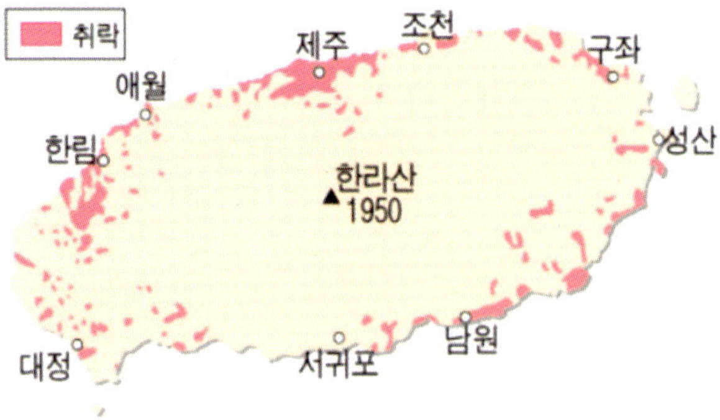

그림 132 Ⅰ 제주도 취락 분포(출처: 네이버 지식백과)

전술한 의문들을 지리는 용천으로 설명한다. 지하수가 솟아나는 용천이 해안에 있으니 취락도 해안에 입지한다는 것이다. 물이 풍부한 해안에 마을이 생기고, 많은 사람들이 생활하니 그곳에 역사와 문화가 생긴다. 여성이 가정생활의 중심이었으니 제주 여성에 대한 이해도 용천과 관련된다. 이렇게 보면 용천은 제주를 이해하는 주요 키워드다.

문제는 왜 해안에 용천이 발달하느냐이다. 해안에 용천이 발달하는 이유는 무엇이고, 해안 지역 사람들은 그것을 어떻게 이용하였으며, 용천이 부족한 중산간 지역 사람들은 어떻게 물을 구하였는가?

1) 중산간 지역의 물 환경과 주민 생활

경주에 가면 '나정'이라는 곳이 있다. 이곳은 신라를 건국한 박혁거세의 신화와 관련된 곳이다. 박혁거세는 현 경주 시내 남쪽 형산강 유역을 중심으로 한 신라 6촌 중 하나인 돌산고허촌의 촌장 딸인 알영과 결혼한다. 오능에는 알영의 탄생 신화와 관련된 '알영정'이라는 우물이 있다.

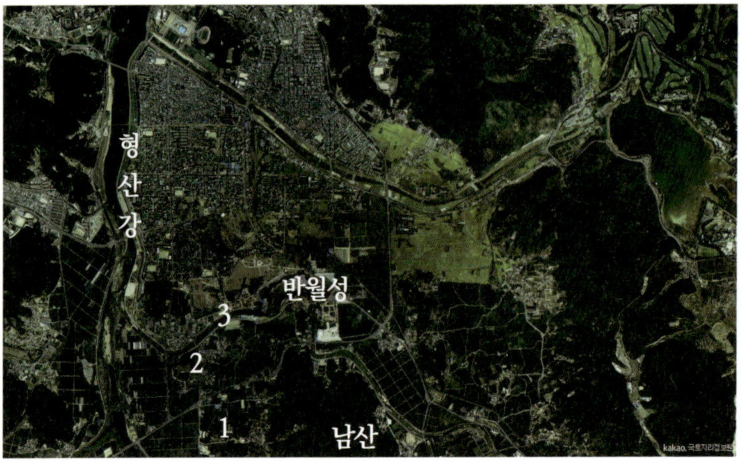

그림 133 Ⅰ 나정(1), 오능과 알영정(2), 재매정(3)

기원전 57년에 건국된 신라와 관련된 신화는 '나정과 알영정' 이라는 우물과 관련된다. 우물이 신성시 되었다는 것은 당시의 우물은 우리가 상상하는 이상으로 중요하였으며 우물을 관리하는 자가 마을의 세력자였을 가능성이 있다. 이 같은 추정은 나정 발굴 과정에 발견된 나정을 신성시한 건물들에서도 알 수 있다(KBS HD 역사스페셜, 2005.6.24.).

반월성에서 서쪽으로 500m 쯤 가면 '재매정'이라는 우물이 있다. 여기는 신라 시대 김유신 장군의 집인 재매정택이 있었던 곳이다. 삼국사기에 의하면 "전쟁에 나갔다가 돌아온 김유신은 백제의 침략 소식을 들은 왕의 명령으로 다시 싸우러 나가게 된다. 그는 가족들도 만나지 않고 물만 한 바가지 떠오라고 하여 마시고는 '우리 집 물맛은 옛날 그대로구나' 한 뒤 전쟁터로 떠났다"라고 기록되어 있다. 개인적 판단이지만 여기서 우물은 가족과 집을 상징하는 것으로 보인다. 변함없는 물맛을 통해 가족의 안전을 확인하고, 그리고 가족에 대한 그리움을 대신한 것으로 보인다.

그림 134 I 알영정 모습(출처: 네이버 블로그; 하늘에서 본 한국의 유산)

그림 135 I 재매정 모습(출처: 네이버 블로그; 경북 관광 공식 블로그)

우물은 건국 신화가 깃들 만큼 그리고 가족과 집을 상징할 만큼 중요하다. 달리 말하면 물이 그 만큼 중요하다는 뜻이다. 인간의 생명을 유지하는 핵심이 물이다. 이런 생명수를 육지에서는 기원전부터 인간 스스로 확보하였다. 땅을 파서 지하수를 찾고, 우물을 만들어 안정적으로 식수를 공급하였다. 이것이 가능했던 것은 육지의 취락 주변에는 하천이 퇴적한 두꺼운 퇴적층이 있고, 그곳으로 하천수가 지하수 형태로 스며들기 때문이다. 이런 특징으로 육지에는 오래전부터 마을과 집에 우물이 있었다.

육지는 이러한데 제주도는 어떻게 식수를 확보하였는가?

제주도 남동쪽에 성읍민속마을이 있다. 이곳은 정의현의 읍치로서 제주목의 제주 읍성, 대정현의 대정 읍성과 함께 제주도를 대표하는 3개의 읍성 중 하나였다. 원래 정의현의 읍치는 성산읍 고성리에 있었다. '한국향토문화전자대전(www.grandculture.net/)의 디지털서귀포문화대전'에는 '고성리는 정의현의 동쪽에 치우쳐 있어 정의현 관내 각 지역의 주민들이 행정업무 처리 차 읍치를 오고가는데 거리가 너무나 멀기 때문에 많은 폐단이 야기되었다. 결국 조정에서는 정의현의 읍치를 옮길 여러 후보지를 논의한 끝에 1422년(세종 4년) 12월 현장을 돌아본 도안무사 정간(鄭幹)의 건의에 따라 정의현의 읍치를 진사리, 지금의 서귀포시 표선면 성읍리에 둘 것을 정하였다. 1423년(세종 5년) 1월 9일부터 시작하여 1월 13일까지 5일만에 정의현성을 축조하였다.' 라고 기록되어 있다.

현재 이곳에는 정의읍성의 모습이 부분적으로 복원되어 있고, 읍성 내에는 제주도 중산간 마을의 전통적 모습이 남아있어 많은 관광객들이 온다. 그런데 놀랍게도 읍성 내에는 우물이 없다. 조선시대 읍성 입지에서 가장 중요한 요소 중 하나가 우물이다. 음식을 먹지 않고 2~3주를 버티지만 물을 먹지 않으면 4~10일 사이에 죽는 것이 인간이다(최영박, 1998). 이 때문에 우물은 읍성 입지에서 가장 중요한 요소이다. 그럼에도 정의현에는 우물이 없었다. 그 조차 새로운 곳으로 옮기기 위해 여러 후보지를 조사하였음에도 그러하였다. 정의 읍성의 우물 문제는 조선왕조실록의 탐라록에도 나온다. 세종 12년(1430) 6월 4일 기록을 보면 '정의현은 성내에 샘물이 없기 때문에 15리 밖에서 물[25]을 길러옵니다. 만일 왜구가 여러 날 성을 포위하면 해중 고도(海中孤島)에서 목숨을 구할 수 없습니다. 청컨대 정의는 토산으로 옮기게 하소서' 라는 구절이 있다. 성내 우물의 문제는 비단 정의 읍성만의 문제가 아니었다. 제주 및 대정 읍성도 똑같은 사정이었다. 조선왕조실록에는 세 읍성에서의 물 확보의 문제점과 대안을 제시하는 내용이 세종 12년과 성종 13년의 기록에 나타난다(제주특별자치도, 2018, 155).

그림 136 ▎성읍 민속마을 전경 1

25) 세종실록지리지에서 이야기하는 15리 밖의 물은 거리상으로 볼 때 삼달리의 메미못을 지칭하는 것으로 추정된다.

그림 137 | 성읍 민속마을 전경 2

물의 확보가 읍성 입지의 가장 중요한 조건임에도 세 읍성 모두 우물을 확보하지 못한 것은 제주도에서 물을 구한다는 것이 얼마나 어려운가를 보여주는 단적인 증거이다. 특히 중산간 지역은 지질적 특성으로 물을 구하기가 더욱 어렵다. 그럼에도 중산 지역인 정의 읍성에 사람들은 살았다.

이곳 사람들은 어디서, 어떻게 물을 구하였는가?

주민과의 인터뷰에 의하면 정의 읍성 사람들은 두 가지 방법으로 물을 구하였다고 한다. 하나는 새촘을 이용하여 물을 확보하는 것이고, 다른 하나는 매일 외부로 나가서 물을 길러오는 것이다.

새촘은 빗물을 모으는 방법이다. 새를 엮어 한 쪽은 나무줄기에 묶고, 다른 한쪽은 항아리에 넣어 비가 오면 나무로 타고 내리는 물을 엮은 새를 통해 항아리로 받는 방법이다. 이것을 '새촘'이라 한다. 비가 많이 올 때면 잠시 동안이면 항아리에 물이 가득 찬다. 이런 방법으로 집집마다 항아리에 물을 모았다. 항아리가 많을수록 많은 물을 모을 수 있다.

그림 138 ▌새촘에 의한 물받기

비가 오지 않는 봄, 가을에는 새촘을 사용할 수 없다. 이때는 마을 옆 하천에 가서 물을 기르거나 다른 마을로 물을 기르러 간다. 정의 읍성 옆에는 제주도에서 가장 긴 천미천이 흐른다.

제주도는 연평균 강수량이 1,872mm로 우리나라 내륙지방의 평균 강수량 1,274mm보다 무려 598mm나 많다(제주특별자치도 상하수도 본부). 많은 비가 내림에도 불구하고 하천은 비가 올 때를 제외하고는 물이 흐르지 않는 건천 상태이다. 이는 제주도의 지질적, 지형적 특성 때문이다.

제주도의 남북 길이는 32km이다(제주특별자치도, 2019). 한라산을 중심으로 남으로, 북으로 낮아지는 지형인데, 남북의 종단 길이가 32km에 불과하기 때문에 한라산체에서 발원하여 남북으로 흐르는 특징을 가진 제주도 하천들의 길이는 짧을 수밖에 없다. 산술적으로 보아도 한라산에서 남과 북의 해안까지 길이는 16km에 불과하다. 제주도 하천 중 천미천(25km)을 제외하면 모든 하천 길이가 10km 전후(김미령, 2003)인 것도 이 같은 지리적 특징과 관련된다. 높은 발원지 고도[26], 짧은 하천 길이로 인해 하상 경사는 상당히 급하다. 이 때문에 비가 올 때 흐르는 강물도 매우 빠른 속도로 바다로 흘러간다. 그리고 제주도 하상은 물의 투과율이 높은 화산암류로 되어 있다. 이는 일정량 이상 오지 않으면 대부분의 물은 하상으로 스며들어버린다는 뜻이다. 이같은 지질, 지형적 특성으로 제주도 하천은 일 강수량 50~80mm 이상 되어야 물이 흐르고, 그 조차 1일 내외의 짧은 기간에만 흐른다(제주특별자치도, 2018, 100).

이 같은 제주 하천의 특징을 그림 139~141에서 확인할 수 있다. 2019년 7월 20일 오전 태풍 다나스가 남해를 빠져나갔다. 이 때 이틀에 걸쳐 제주도 한라산에 내린 강수량은 1125.5mm 였다. 그림 139~141은 태풍 이전과 이후의 화북천의 모습이다. 그림 139는 물이 전혀 없고 암석 하상만 노출된 평소의 화북천 모습이고, 그림 140은 태풍 직후 화북천 모습이다. 그림 140에서 볼 수 있듯이 태풍 직후에는 하상을 가득 채운 물이 노도처럼 흘러간다. 그림 141은 태풍 하루 뒤의 화북천 모습이다. 태풍이 지나간지 하루 밖에 되지 않았는데 물은 하상 일부 지역에만 흐르고, 대부분의 하상은 비가 오기 전의 암석 하상으로 돌아가고 있다. 태풍이 지나간 이틀 뒤면 언제 태풍이 왔느냐는 것처럼 하상에는 물이 없어질 것이다. 이처럼 많은 강우를 동반한 태풍이 와도 하루, 이틀만에 다시 건천으로 변하는 것이 제주 하천의 특징이다.

26) 외도천, 한천, 강정천, 금성천, 옹포천, 화북천등은 한라산 기슭에서 발원하고, 산지천, 도근천, 창고천, 송천, 금성천, 옹포천, 화북천 등은 해발 1,600~1,800m의 고지대에서 발원한다(제주특별자치도, 2018, 101).

그림 139 ❙ 비가 오기 전 화북천 하류

그림 140 ❙ 태풍 직후 화북천 하류 모습

그림 141 Ⅰ 태풍 하루 뒤의 화북천 하류 모습

제주 하천의 하상은 용암이 굳은 암석으로 되어 있다. 모래와 자갈이 아닌 암석 하상이어서 곳곳에 다양한 형태와 크기의 웅덩이가 발달해 있다. 웅덩이는 암석의 갈라진 틈에 돌이 들어가고, 홍수 시 빠른 유속으로 웅덩이 속의 돌들이 밖으로 빠져 나오지 못한 체 제자리에서 회전하면서 암석을 깎은 결과이다. 웅덩이의 형태는 타원형, 직선형, 불규칙형 등 다양하다. 깊이와 넓이도 다양하여, 넓은 곳은 장경이 10m에 가까운 것도 있고, 깊이가 2m가 넘는 것도 있다. 거의 작은 저류지에 해당된다. 이렇게 발달한 하상의 웅덩이에는 홍수가 지나고 나면 많은 물이 고인다.

새촘으로 모은 물을 모두 소비하면 정의 읍성 사람들은 아침, 저녁으로 읍성 동쪽에 있는 천미천으로 가서 하상 웅덩이에 고인 물을 길러 생활용수로 사용하였다. 이 때문에 정의 읍성 사람들에게 천미천 하상에 고인 물은 더 없이 중요한 생활용수였다. 물이 귀한 중산간지역이어서 정의 읍성 사람들은 하상 웅덩이에 고인 물도 함부로 사용하지 않았다. 웅덩이의 물을 먹는 물, 채소 씻는 물, 빨래하는 물, 목욕하는 물로 나누어 효율적으로 사용했다.

그림 142 ▮ 성읍민속마을(1), 천미천(2), 그림 143과 144의 촬영지점(a)

그림 143 ▮ 천미천의 하상 와지에 있는 물 1

그림 143와 144는 성읍민속마을에서 북쪽으로 직선거리 1.3km 떨어진 천미천 하상의 와지에 고여 있는 물이다. 제주도 하천은 앞에서 살펴보았듯이 하폭은 좁다. 반면 년 강수량은 우리나라에서 가장 많다. 이로 인해 많은 비가 오면 공급되는 물의 양은 많은데, 하폭이 좁아 큰 홍수 시에는 범람하여 주변 마을에 피해를 준다. 이로 인해 최근에 하폭을 넓히고, 하상 바닥을 정비하여, 과거보다 와지가 많아 사라졌다[27]. 이 뿐만 아니라 남아있는 와지도 규모가 많이 축소되었다. 이로 볼 때, 현재의 천미천 하상의 와지도 하상 공사로 폭과 깊이가 축소되었을 가능성이 높다.

그림 144 ▎천미천 하상 와지에 있는 물 2

27) 하상 정비로 인한 하상 와지의 소실은 성읍민속마을 남쪽의 신풍리 마을의 노인들과 면담에서도 확인할 수 있었다. 노인들 얘기에 의하면 '상수도가 만들어지기 전에는 신풍리 사람들은 마을 서쪽에 있는 천미천 하상의 웅덩이에 있는 물을 길러먹었는데, 수년전 큰 홍수로 하상 정비 공사를 하였고, 이로 인해 과거 물을 길러먹었던 와지들은 대부분 사라졌다'고 하였다.

정의읍성 사람들이 천미천 물을 길러 먹었다는 것은 주민들의 이야기뿐만 아니라 '증보탐라지'의 '정의현성'에도 나온다. '성중에 우물[28)]이 두 개 있는데 샘물(생수)이 아니므로 가뭄 때에는 성남 2리 남짓한 곳에 있는 대천(큰 강) 물을 길어다 마신다'라는 기록이 있다. 또한 '탐라지' '정의현 산천 개로천'에는 '이 강은 현 동쪽 3리에 있다. 성을 끼고 동남쪽으로 흘러 2리 되는 곳에 깊은 연못[29)]을 이룬다. 성중에 샘이 없으므로 주민들은 이 내와 성불천의 물을 떠다 쓴다'라는 기록이 있다(제주특별자치도, 2018, 159). 여기서 이야기하는 대천과 개로천은 성과의 위치 및 거리, 그리고 흐름 방향으로 볼 때 현재의 천미천을 의미하는 것으로 보인다.

빗물과 하상에 고인 물을 생활용수로 사용한 것은 조선 시대뿐만 아니라 일제 식민지 시대에도 마찬가지였다. 이는 1930년대 제주도의 자연 및 인문 지리를 조사한 일본인 지리학자 마수다 이치지의 「제주도의 지리학적 연구」에도 나타난다. 그의 책에는 '용천이 없는 지역에서는 암반의 오목한 곳, 점토층의 오목한 곳에 담겨진 물을 이용하였으며, 나무에서 빗물을 구하였다'라는 기록이 있다(제주특별자치도, 2018).

가뭄이 지속되어 하천 물이 줄어들면 보다 상류로 올라가 하천 물을 찾거나 용천이나 봉천수가 있는 마을로 물을 기르러 간다. 성읍 마을 사람들은 마을에서 남동쪽으로 직선거리로 4km 정도 떨어진 삼달리에 있는 메미못의 물을 길러 먹었다. 메미못은 빗물이 모여 형성된 저수지로서 제주도에서 이를 봉천수라고 부른다. 삼달리가 아니면 성읍마을에서 직선거리로 약 8km 떨어진 해안 지역인

28) 정의읍성을 축성했을 당시에는 우물이 없었는데 증보탐라지의 기록에 두 개의 우물이 있다고 되어 있다. 반면 탐라지에는 '성 중에 샘이 없다' 라고 되어 있다. 이로 볼 때 성중에 용천은 없으며, 후대에 인공적으로 우물을 만든 것으로 보인다. 특히 우물물이 샘물이 아니고, 가뭄 때 사용할 수 없는 것으로 보아 빗물을 모은 우물일 가능성이 높다.

29) 성을 끼고 동남쪽으로 흘러 2리 되는 곳에 깊은 연못은 과거 천미천 하상에 발달해 있었던 큰 와지를 의미하는 것으로 보인다. 현재 천미천은 하상정비공사로 과거와 같은 깊고, 넓은 와지를 볼 수 없다.

표선에서 용천수를 길러왔다. 큰 가뭄 때는 물이 마르지 않는 해안의 용천까지 하루에 두세번 오고 갔다.

그림 145 ▎삼달리에 있는 봉천수인 메미못

그림 146 ▎물허벅으로 물을 길러가는 모습(출처: 제주 상수도개발 60년사)

1935년부터 제주도를 연구한 일본인 학자 이즈미 세이치의 연구에 의하면 물 기르기는 여자의 대표적인 일이었으며 남자들은 결코 물 기르는 일을 하지는 않았다고 한다. 그리고 물이 귀하기 때문에 물이 나는 곳은 마소가 들어오지 못하도록 목책을 둘러싸고, 항시 깨끗하게 유지하도록 정성을 다해 관리하고, 수리하였다. 그리고 인공 웅덩이의 경우 일년에 한번씩 마을 사람들로부터 돈을 거두어 기술자에 의뢰하여 대수리를 하였다고 한다(제주특별자치도, 2018).

매일 아침, 저녁으로 여자들은 그림 146에서 보듯이 물을 길어 가파른 돌길을 걸어 집으로 왔다. 때문에 육지에서처럼 물동이를 머리에 이고 가기 어렵다. 또한 물이 귀하기 때문에 한 번에 기르는 물도 많으면 많을수록 좋다. 길러온 귀한 물을 한 방울이라도 잘못 쏟으면 안 된다. 이런 운반 조건들이 제주만의 독특한 물 운반 기구인 입구가 좁은 많은 양의 물이 들어가는 둥근 항아리인 물허벅과 그것을 담는 대나무로 만든 물 구덕을 만든 것 같다. 이 또한 제주도의 환경에 제주민들이 지혜롭게 적응한 결과이다.

매일 아침, 저녁으로 물허벅으로 물을 길러야 하기 때문에, 부엌 앞에는 물허벅을 놓아두는 '물팡'이라는 시설이 있다. 그림 147의 문 옆에 물허벅이 놓여 있는 곳이 그것이다. 물허벅을 물팡 위에 두는 것은 물허벅을 등에 쉽게 지기 위해서이다. 길러온 물은 그림 148에서처럼 물독에 붓는다. 이것은 꽤 숙련된 기술을 요한다. 제주 사람들은 어릴 때부터 물을 기르러 다녔다. 아이들도 학교 마치고 집에 오면 가장 먼저 하는 것이 물을 기르러 가는 것이었다고 한다. 나이가 들수록 물 기르고, 물 붓는 솜씨가 늘어난다. 성인이 되면 물을 정확히 물독에 부을 정도가 된다고 한다.

그림 147 ❙ 물팡과 물허벅

이처럼 성읍 민속마을 사람들의 생활용수 확보는 경주의 그것과는 하늘과 땅만큼 차이가 크다. 경주에는 기원전부터 우물이 있었다. 김유신 장군 집으로 보면 삼국시대에 이미 개인 집에 우물이 있었다. 그런데 제주도는 가장 중요한 읍성에서조차 우물이 없었다. 성읍민속마을 및 삼풍리 주민들과의 인터뷰, 조선시대 증보탐라지, 1930년대 제주도 지리적 특징을 기술한 지리서 등에서 보았듯이 상수도가 보급되기 전까지 성읍민속마을, 삼풍리와 같은 중산간 지역 주민들은 새촘과 강물, 그리고 빗물을 모은 봉천수로 생활용수를 확보하였다. 이러한 환경이기 때문에 중산간 지역에 마을이 발달하기는 쉽지 않았다.

그림 148 | 물허벅의 물을 물독에 붓는 모습(출처: 제주민속자연사박물관)

2) 해안 지역의 물 환경과 주민 생활

(1) 취락과 용천

제주도에서 가장 중요한 행정 기관이었던 읍성에서 조차 물이 없는 중산간 지역과 달리 해안 지역에서는 용천을 쉽게 볼 수 있다. 애월 포구 쪽에 있는 '하물'이라는 용천은 '한국 명수 100 곳' 중 하나로 선정될 정도로 좋은 물이다. 사람들은 하물에서 솟아나는 물을 식수와 생활용수로 사용하였다. 서귀포시 하예동에는 제주도에서 규모가 가장 큰 용천이 있다. '논짓물'이라 불리는 이곳 용천은 담수 풀장으로 활용할 만큼 많은 양의 용천수가 솟아난다. 이 뿐만 아니라 제주항에서 바다로 유입하는 산지천은 동문 시장 하류에서부터는 수심이

상당히 깊을 정도로 많은 물이 흐른다. 일반적으로 제주 하천의 대부분은 유로가 짧고, 하상 경사가 급하고, 투수력이 큰 지질적 특성으로 비가 올 때를 제외하고는 물이 흐르지 않는 건천이다. 성산민속마을 옆을 흐르는 제주도에서 가장 긴 천미천도 비가 올 때를 제외하면 물이 흐르지 않는다. 그런데 산지천 하류 구간은 많은 물이 흘러 제주도에서 보기 힘든 하류의 경관을 만든다. 이 같은 특징은 동문 시장 부근에 있는 용천으로부터 많은 물을 공급받기 때문에 나타난다. 이처럼 해안 지역의 물 환경은 중산간 지역과는 천양지차이다.

그림 149 ❙ 애월의 하물

그림 150 ❙ 서귀포시 논짓물 담수 풀장

그림 151 ❙ 산지천 하류 경관

해안 지역에 용천이 많다는 것은 그림 152에서도 알 수 있다. 물과 관련된 제주도 취락의 분포를 나타낸 그림 152는 1930년부터 1938년까지 8년여 간 제주도를 여덟 차례 답사하면서 제주도의 자연 및 인문 지리를 조사한 일본인 지리학자 마수다 이치지가 그린 것(제주특별자치도, 2018)을 재구성한 것이다. 마수다 이치지가 조사를 시작한 1930년은 지금부터 약 90년 전이다. 당시의 취락 분포는 상수도 시설이 완비된 현재와 달리 자연환경과 밀접한 관련을 맺는다. 이는 취락 분포가 생활용수 취득과 관련이 깊다는 것을 의미한다.

그림 152에서 볼 수 있듯이 1930년대 제주도 마을은 대부분 해안에 위치한다. 특히 해안을 따라서는 취락들이 연속적이고, 밀집하여 분포한다. 이런 특징으로 취락은 집들이 덩어리처럼 모여 있는 괴촌의 형태를 띤다. 이곳에서 이용하는 물은 주로 용천수나 용천 우물(용천정)이다. 해안을 따라 용천이나 용천정 주변에 발달한 괴촌은 제주도 동부, 북부, 서부 지역에 집중적으로 분포하고, 서귀포 서쪽의 남부 해안에도 일부 나타난다. 해안 배후에도 괴촌이 있다. 그러나 이곳은 해안과 달리 취락이 국지적으로 분포한다. 이 같은 분포는 이곳에서 이용하는 물이 봉천수로 불리는 웅덩이에 고인 빗물이기 때문으로 보인다. 이들은 제주도 북부와 서부 해안의 일부 배후 지역에 분포한다. 제주도 남부 중간에서 동부로 이어지는 해안에는 제주의 북동부에서 서부에 이르는 해안만큼 가옥들이 밀집하지 않는다. 이곳의 취락은 집들이 모여 있지만 집들의 간격이 해안지역보다 멀리 떨어진 소상괴촌 형태를 띤다. 소상괴촌 지역은 해안을 따라서는 용천수를 이용하지만 그 배후 지역은 봉천수를 이용한다. 일부이지만 서귀포 지역에는 간이 상수도 물을 이용한다. 이들 지역을 제외하면 취락은 해안 지역과 비교가 되지 않을 정도로 듬성듬성하게 분포하는 산촌이거나 아예 마을이 없는 무거주 지역이다. 결국 그림에서 보듯이 1930년대 제주도 취락은 해안의 용천을 따라 밀집하여 발달했다는 것을 알 수 있다.

그림 152 ▎1930년대 물 이용 형태에 따른 취락 구분(출처: 제주 상수도 개발 60년사)

취락 입지에서 가장 중요한 요소인 물은 지표수와 지하수, 두 가지이다. 제주도는 지질적 특성으로 지표수가 거의 없다. 반면 지하수는 아주 풍부하다. 우리나라에서 강수량이 가장 많은 곳이 제주도이고, 강수의 44~46%는 지하로 스며들기 때문이다. 그런데 지표면을 두껍게 덮고 있는 화산암류들로 인해 오늘날과 같은 시추 기술이 발달하기 전에는 지하수를 얻을 수가 없다.

이런 조건인데 해안 지역에 마을이 집중적이고 대규모로, 그리고 해안을 따라 연속적으로 발달해 있다는 것은 해안 지역에는 지하수가 자연적으로 용출한다는 것을 의미한다. 제주에서 지하수가 용출하는 곳은 용천이다.

표 1 ❙ 지대별 용천수 분포 현황(출처: 제주 상수도 개발 60년사)

지역별	합계	저지대 (200m 이하)	중산간지대 (200~600m)	고지대 (600m 이상)
합계	911	839(92.1%)	51(5.6%)	21(2.3%)
제주시	540	487	39	14
서귀포시	371	352	12	7

표 1은 제주도 지역에 분포하는 용천의 현황이다. 표에서 볼 수 있듯이 제주도 전역에 분포하는 용천의 92.1%는 해발고도 200m 이하의 저지대에 있다. 이는 앞에서 본 제주 취락이 해안 지역에 밀집해 있는 것과 관련이 깊다. 반면 중산간 지역의 용천은 전체의 5.6%에 불과하다. 정의읍성에서 보았듯이 중산간지대 사람들은 생활용수로 새촘과 봉천수, 하천수를 먹을 수밖에 없는 구조이다.

제주도의 용천은 왜 200m 이하의 저지대, 특히 해안 주변에 많은 분포하는가?

(2) 용천과 지질

지하수는 지층 속에 있기 때문에 제주도 지하수 생성은 제주도의 지층과 관련 깊다. 제주도는 화산섬이기 때문에 지층은 화산 활동과 관련된다. 제주도를 덮고 있는 용암은 두 가지이다. 하나는 파호이호이 용암이고, 다른 하나는 아아 용암이다.[30] 파호이호이 용암은 단위 두께가 0.5~5m 정도로 얇고, 절리와 균열이 발달한 다공질 특징을 갖는다. 아아 용암류는 단위 두께가 5~15m 정도이고, 수직 절리와 균열이 발달하며 상하부는 용암이 냉각될 때 쪼개지고 갈라진 투수성이 매우 좋은 클링커(clinker) 층이 발달해 있다. 이런 차이로 파호이호이 용암보다 아아 용암의 투수성이 높지만, 두 용암 지역 모두 지하수 투수성은 뛰어나다(제주특별자치도, 2018, 107).

30) '파호이호이와 아아'라는 용어는 하와이 원주민들이 사용하던 하와이어로, Dana(1849)에 의해 과학 서적에 소개된 이후 오늘날과 같이 현무암질 용암의 표면 특징을 기재하는 보편적 용어로 사용되고 있다(안웅산 외 4인, 2015).

그림 153 ❙ 파호이호이 용암(사진에서 섬은 비양도이다)

그림 154 ❙ 아아 용암(월정리 선인장 마을 해변)

한편 제주에는 크고 작은 용암동굴이 60여 개소가 분포한다. 파호이호이 용암 지역에서 주로 발달하는 용암동굴 지역에는 동굴 천정의 붕괴로 발달한 '숨골'이라 부르는 지표수 또는 빗물이 스며드는 핵심 지형이 발달해 있다. 이 뿐만 아니라 제주에는 360여 개의 오름이 있고, 이들 대부분은 미고결 분석으로 이루어져 투수성이 매우 좋다(제주특별자치도, 2018, 107-108). 이처럼 지하수 함양율이 좋은 지질 구조로 인해 제주도는 강수의 46% 정도가 지하로 스며든다. 이 양은 육지의 거의 3배에 가깝다. 이런 조건들로 제주도는 지하수가 풍부하다. 그런데 중산간 지역에는 해안과 달리 용천이 아주 적다. 이는 이들 지역은 지하수가 용출할 조건이 좋지 않다는 뜻이다.

지하수가 쏟아나는 용천은 대수층을 따라 흐르는 지하수가 암석이나 지층의 틈을 통해 지표면으로 솟아나는 곳을 의미한다. 용천은 대부분 용암류의 말단부나 지질 경계부, 하천의 절벽이나 벼랑, 요철 지형의 오목지(凹), 오름 기슭 등에 위치한다. 이는 중력의 지배를 받으며 유동하던 지하수가 갑작스러운 지형 변화로 지하수면이 지표에 노출됨으로써 생겨나는 현상이다(제주특별자치도, 2018). 전술한 내용으로 볼 때 용천이 발달하기 위해서는 첫째, 지하수가 들어있는 대수층이 지표 밖으로 노출되어야 하고, 둘째, 그것을 이끄는 지형 변화가 있어야 한다.

지하의 대수층을 지표 밖으로 노출시키는 지형 변화는 침식활동, 단층 활동과 같은 구조 운동, 그리고 함몰 작용 등을 들 수 있다. 지형 변화 중 구조 운동에 의한 것은 환태평양조산대와 같은 지역에서 활발하게 일어난다. 이런 지역에서는 지진과 단층 같은 활동으로 지형 변화가 뚜렷하게 발생한다. 이 과정에 지층이 노출되고, 그곳을 따라 지하수가 용출될 수 있다. 그러나 우리나라와 같이 안정된 지역에서는 이 같은 활동이 어렵다. 지층이 노출될 정도의 함몰 역시 쉽지 않다. 따라서 가장 일반적인 것은 하천의 침식이다. 하천이 오랫동안 어떤 지형을 침식하여 하곡을 만들면 그것의 곡벽과 바닥 지층은 자연스럽게 지표 밖으로 노출된다. 용천은 이곳에서 발달한다.

용천과 밀접한 관련을 맺는 침식곡을 만드는 제주도 하천의 발달은 용암류 흐름과 관련 깊다. 용암류는 지형이 낮은 골짜기를 따라 흐르는 관계로 넓은 지역을 완전히 피복하지 못하며, 대체로 손가락 모양의 흐름 지형을 만든다. 용암 지형이 형성되고 나면 다음 용암류가 흐를 때까지 침식과 퇴적 작용이 일어난다. 일반적으로 용암류의 경계 부근은 풍화나 침식에 약한 클링커층으로 이루어져 있거나 용암이 냉각될 때 발생하는 수축 작용에 의해 균열과 절리가 발달한다. 이 때문에 용암류의 경계 부근은 유수의 작용에 의해 비교적 쉽게 침식된다. 침식이 지속되면 용암류의 경계를 따라서 침식곡이 발달한다. 침식곡의 곡벽과 바닥에는 지하수가 들어있는 대수층이 노출될 가능성이 높다. 그럴 경우 지하수가 용출하고, 계곡에는 물이 흐른다(제주도, 1999, 29~30). 이런 유형의 용천수가 흐르는 대표적인 계곡이 서귀포에 있는 돈네코이다.

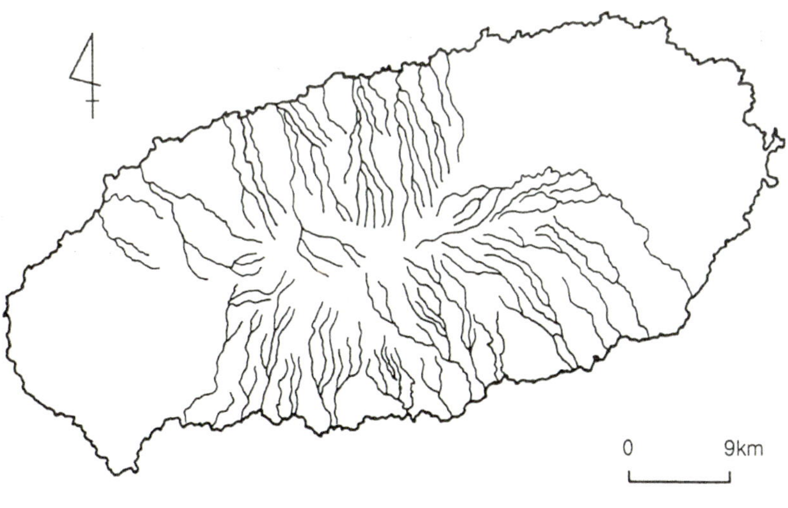

그림 155 | 제주도 하천 수계도(출처: 김미령, 2003, 재인용)

한편 제주도의 하천이 용암류 경계부를 따라 발달했다는 것은 하천의 침식곡 최하류부는 용암류의 말단이라는 뜻이다. 용암류의 말단은 지질이나 지형의 경계부이다. 이 때문에 하천의 침식곡 하류부에는 지하수가 용출할 가능성이 높다.

용암류 흐름과 관련이 깊은 제주도의 하천들은 그림 155에서 보듯이 한라산을 중심으로 남과 북으로 흐른다. 이는 하천의 침식곡 말단에 발달할 용천들이 제주도 남쪽과 북쪽 해안에 많다는 뜻이다.

이의 사례가 동문 시장으로 흐르는 산지천, 한림항 서쪽에서 바다로 유입하는 옹포천, 외도 포구 쪽으로 흘러가는 광령천, 그리고 용두암 동쪽의 한천이다. 이들 하천의 하류에는 하상에서 많은 양의 지하수가 용출한다. 이로 인해 이들 하천의 하류 구간에는 제주도의 일반적 하천에서는 볼 수 없을 정도로 물이 풍부하다.

그림 156 ❙ 한천 하구(좌)와 옹포천 하구(우) 모습

그림 157 I 산지천변의 용천 전경(출처: 제주 상수도개발 60년사)

용천수가 풍부한 대표적인 하천인 산지천 옆에는 제주도 최초(1957년 7월 개발)의 수원지인 금산 수원지가 있고, 취락도 일찍부터 발달하였다. 마을 사람들은 일상생활에 필요한 식수 기르기와 채소 씻기, 빨래하기 등 많은 일들을 여기서 해결하였다. 목욕도 용천수가 넘치는 산지천에서 하였다.

해안 지역에는 하천뿐만 아니라 해안을 따라서도 많은 용천이 분포한다. 이는 해안가에 용암류의 말단이 있거나, 용암류, 특히 아아 용암류가 해수와 만나 급격히 냉각되면서 발달한 지형들에서 대수층이 노출된 경우가 많기 때문이다. 이 같은 사실은 제주도에 있는 용천의 유형에서 쉽게 알 수 있다.

표 2에 나타나듯이 제주도에 있는 용천의 약 75%는 용암류 경계형이다. 용암류의 경계는 제주도 하천 발달에서 보았듯이 하천이 흘러가는 침식곡의 곡벽이나 곡의 바닥 그리고 용암류의 말단에 나타난다. 화산섬인 제주도는 한라산에서 분출한 용암들은 해안 쪽으로 흘렀다. 이를 통해 오늘날의 제주도의 해안선이

형성되었다. 이는 용암류의 말단이 현 해안선과 관련 있다는 의미이고, 용천도 해안을 따라 발달할 가능성이 높다는 것을 의미한다.

표 2 Ⅰ 지질 구조에 따른 용천수 유형 분류(출처: 제주 상수도개발 60년사)

시군	합계	용암류 경계형	사력층형	절리형	위치멸실
합계	911	682	17	56	156
제주시	142	107	4	2	29
서귀포시	168	146	1	2	19
북제주군	398	265	9	43	81
남제주군	203	164	3	9	27

해안 지역에 용천이 집중적으로 분포한다는 사실은 표고별 용천 분포에서 확인할 수 있다. 1999년 조사에 따르면, 제주도 용천의 92%는 200m 이하의 해안 지역에 분포하고, 이들 중 62%는 해발 고도 5m 이하, 그리고 72%는 10m 이하 지역에 있다(제주도, 1999, 33).

용천이 해안에 집중되어 있는 것은 실제 답사를 통해서도 확인할 수 있다. 조천 항에는 항을 중심으로 직선거리 400여 m 내에 용천이 8개 있다(그림 158 참조). 조천항에 인접한 화북 포구 주변에는 300m 거리에 6개의 용천이 있다(그림 159 참조). 이는 용천이 없어 강물과 빗물을 식수원으로 사용하는 중산간 지역과는 하늘과 땅만큼의 차이이다. 마을이 해안 지역에 집중될 수밖에 없다.

그림 158 ❙ 조천 항에 있는 용천(좌상으로부터 도릿물, 개낭개 남탕, 빌레물, 큰물, 조근돈지 두물치물, 개낭게 얼물, 족박물)

그림 159 ❙ 화북 항의 용천들(쇠물, 어른물, 큰짓물, 금돈지물)

용천과 지질 및 지형의 관계는 해안 지역뿐만 아니라 중산간 지역에서도 볼 수 있다. 그림 160에서 볼 수 있듯이 한라산 남쪽과 북쪽이 동쪽과 서쪽보다 용천이 많다. 남북 지역, 특히 북쪽에는 해안에서 떨어진 중산간 지역에도 용천이 꽤 된다. 이 같은 현상은 해발 200m 이상의 중산간 지역에 분포하는 전체 용천수의 약 8%에 해당되는 72개소 중, 동부와 서부 중산간 지역에는 10여 개소에 지나지 않고, 나머지는 남과 북의 중산간 및 고지대에 편중된 것에서 잘 알 수 있다(제주도, 1999, 33).

중산간 지역의 용천의 분포 차이도 지질과 지형적 특징에 기인한다. 즉 한라산 북쪽과 동쪽 지형은 비교적 점성이 높은 아아 용암류가 반복적으로 흘러내리면서 가파란 계단상의 지형을 만들었다(제주특별자치도, 2018). 계단상의 지형 말단에는 지형 경사 변화가 생기면서 지표 하에 있던 지층이 노출된다. 이곳을 따라 지하수가 용출할 가능성이 높다. 또한 아아 용암은 클링커 층이 최대 약 20m 두께로 형성되어 있는데, 클링커 층은 용암류 사이에 분포하여 지하수 유동의 통로 역할을 한다(한국지질자원연구원, 제주발전연구원, 2019). 이는 한라산 남쪽과 북쪽은 지하수의 함양과 이동이 활발하다는 뜻이다.

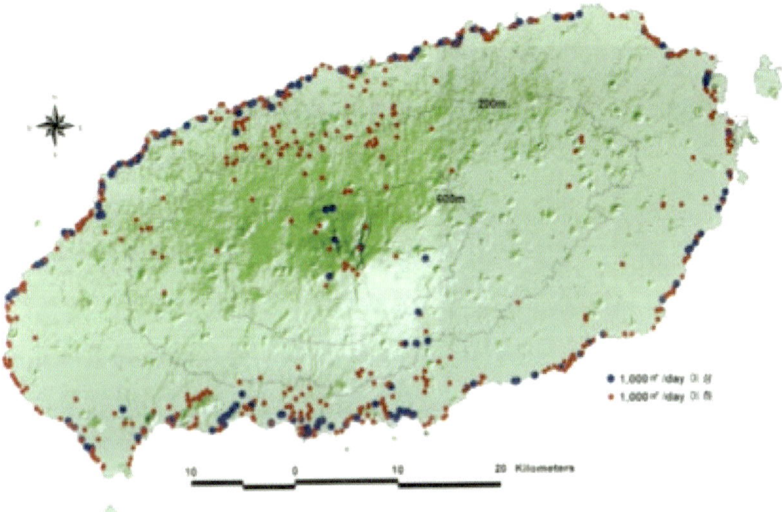

그림 160 ‖ 용천수 용출량 규모별 분포도(출처: 제주 상수도 개발 60년사)

한라산 남북지역과 달리 한라산 동쪽과 서쪽은 지층이 길게 갈라진 열하와 분석구(오름)로부터 흘러나온 점성이 낮은 파호이호이 용암과 화산쇄설물이 겹겹이 쌓이면서 완만한 대지상의 지형이 만들어졌다(제주특별자치도, 2018, 99). 이로 인해 한라산 동쪽과 서쪽은 한라산 남·북 지역에 비해 지형 변화가 아주 적다. 이는 지하수 용출이 그만큼 어렵다는 뜻이다.

전술한 지질 및 지형과 용천 발달의 관계로 보면 제주도 북쪽과 남쪽의 제주시와 서귀포시에 인구가 밀집한 것도 이들 지역의 지질 및 지형이 용천 발달에 양호한 조건이기 때문이라는 것을 알 수 있다.

(3) 용천과 주민의 삶

해안지역 마을은 용천을 중심으로 발달하기 때문에 중산간지역에 비해 물을 기르는 노동은 줄어든다. 이 뿐만 아니라 해안 지역 사람들은 웅덩이를 파고 빗물을 모은 봉천수와 같은 고인 물을 주요 식수로 사용하는 중산간 지역 사람들보다 수인성 질병에 노출될 가능성도 적었다. 이는 제주도립위생시험소가 1961년 5월부터 1964년 10월까지 총 562개소의 식수원에 대한 수질 검사의 조사 결과, '우물, 봉천수의 45.2%가 음용으로 부적합하였다(제주특별자치도, 2018)' 라는 보고서 내용으로 추정할 수 있다.

용천은 부동산에도 영향을 미쳤다. 해안지역의 땅값은 다른 지역보다 비쌌다. 이는 '해안가 용천 지역에는 양반들의 집과 일찍부터 이곳에 살았던 오래된 집들이 많았으며, 땅값은 용천과의 거리에 따라 결정되었다'라는 1930년대 기록에서 알 수 있다. 용천 물을 길러서 파는 물장수도 있었다. 1934년과 1935년 조사에 의하면 용천을 중심으로 운반 거리에 따라 4등급으로 나누어 물값을 받았다(제주특별자치도, 2018).

생활용수를 공급하는 용천은 마을의 중심이다. 사람들은 매일 아침, 저녁으로 식수를 기르기 위해 용천으로 간다. 집안의 텃밭에서 기른 채소를 씻으러 용천에 간다. 빨래도 용천에서 한다. 목욕도 용천에서 한다. 여름이면 바다에서 수영하고, 몸을 씻으로 용천에 온다. 용천이 마을의 중심이 될 수밖에 없다.

정광중(2016)이 밝혔듯이 용천은 마을 여자들의 수다 장소였다. 빨래, 특히 담요, 이불과 겨울에 모아두었던 옷가지를 빨 때면 어머니, 할머니들이 모여 단체로 빨래하는 진풍경이 벌어졌다. 이때 온갖 집안 대소사 이야기들이 오고간다. 같이 울고, 웃고, 고민한다. 온갖 정보가 오고가는 곳이 용천이다. 이 때문에 용천은 마을 여자들의 사랑방이자 스트레스 해소처이기도 하였다.

물은 귀하고, 용천에서 솟아나는 물은 곧장 바다로 흘러들어간다. 제주 사람들은 한 방울의 물도 허투루 쓰지 않기 위해 효율적으로 물을 관리한다. 용천수가 솟아나는 주변에 오염물질이 들어가지 않도록 돌담을 쌓고, 용천수가 흐르는 통로를 만들었다. 그곳을 세 구역으로 나누어 사용한다. 용천수가 솟아나는 곳은 가장 깨끗하기 때문에 이 물은 식수로 활용하고, 그 다음 구간에서는 먹는 채소를 씻는다. 마지막 구간은 빨래하는 곳으로 활용한다. 지역에 따라 목욕하는 곳을 따로 만든 곳들도 꽤 된다. 이는 집안일을 하지 않는 남자들을 위한 목욕탕이 그러하다. 반면 가정생활과 관련된 일을 하는 여자들이 사용하는 용천은 먹고, 씻고 난 뒤의 물을 목욕물로 사용하는 경우도 있다. 그림 161에서 채소를 싣는 아주머니 뒤에 있는 둥근 돌담으로 된 곳이 목욕탕이다. 채소 등을 씻고 난 뒤에 찌꺼기가 남아있으면 용천수 배수에 문제가 생기고 그로 인해 용천의 청결에 문제가 생긴다. 이런 문제를 해소하기 위해 배수에 문제가 없도록 한다. 마을 주민들은 용천의 청결 유지를 위해 공동으로 노력하고, 용천을 관리한다.

그림 161 ▌용천에서 채소를 씻는 모습

한편 해안가에 있는 용천들 중에서 바다에 인접한 것들은 밀물 때 바닷물에 잠긴다. 그림 162는 2019년 4월 17일 조천항에 있는 '도릿물'이라는 용천이 밀·썰물에 따라 변화하는 모습이다. 그림에서 보듯이 밀물 때는 용천이 바닷물에 완전히 잠겨버린다. 썰물 때가 되어 바닷물이 빠져나가면서 용천은 모습을 드러내기 시작한다. 그림 163은 개낭개 남탕은 밀물 때는 바닷물에 잠겨버리고, 썰물 때가 되면 목욕탕으로서 용천 모습이 나타난다.

그림 162 ❙ 조천항의 도릿물의 밀·썰물 때의 변화 모습

그림 163 Ⅰ 조천항의 개낭개 남탕의 밀·썰물때의 모습

밀 · 썰물은 하루에 두 번씩 반복된다. 이 때문에 용천을 사용할 수 있는 시간은 제한되어 있다. 2019년 6월 15일 제주의 밀 · 썰물 시간을 보면 오전 3시 34분 썰물, 8시 57분 밀물, 15시 36분 썰물, 22시 04분 밀물이다. 따라서 용천을 사용할 수 있는 시간은 오전 8시 57분을 전후하여 해수면이 낮아져 있는 일정 시간이다. 그리고는 저녁 8시 57분 전후하여 해수면이 낮아지는 시간까지 기다려야 한다.

그림 164 Ⅰ 용천에서 물을 깃고 빨래하는 모습(출처: 제주 상수도 개발 60년사)

주민들은 물때를 보고 가장 좋은 시간에 용천에 간다. 식수를 기르고, 채소를 씻어 식사 준비를 하고, 빨래도 이 때 한다. 이를 위해 다른 일들도 조석의 시간에 맞추어 한다. 그러하니 집안일들로 바쁠 수밖에 없다. 이 모든 것이 여자들의 몫이다. 그림 164에서 보듯이 썰물 때면 물을 긷고 빨래하는 사람들로 용천은 혼잡하기 그지없다. 이들 대부분이 마을의 여자들과 아이들이다. 여자들의 일상이 고단할 수밖에 없다. 상수도가 보급되면서 용천을 사용하지 않아도 되었다. 여자들도 고단한 일상에서부터 벗어나기 시작하였다. 상수도가 여자들의 삶의 질을 바꾸었다고 할 수 있다.

3

문화 공간으로서 무덤과 용천

제주도의 밭은 삶과 죽음이 공존하는 곳이다. 무덤이라는 정적인 공간과 노동이라는 동적인 공간이 공존하는 곳이 제주도의 밭이다. 밭 속에서 산담으로 둘러싸인 무덤이 죽은 자의 공간이라면 그 바깥은 땀내 나는 치열한 산자들의 공간이다. 이 같은 모습은 육지에서 보기 힘든 제주만의 특징이다.

제주도에 왔을 때 마을 주변 마늘 밭과 감귤 밭에, 때로 집 앞에 있는 무덤을 보고 처음에는 놀라웠고, 이상하였다. 육지에서는 볼 수 없는 경관이기 때문이다. 자꾸 보면 정든다고 하듯이 답사하는 동안 곳곳에서 마주치는 무덤을 보면서 이상함과 놀라움은 친숙함으로 바뀌었다. 이 때부터 제주도만의 문화로 무덤을 인식하기 시작했다. 그러면서 한걸음 나아가 '육지 사람과 제주도 사람들은 삶과 죽음에 대한 인식이 다르지 않을까' 라는 생각을 하였다.

삶과 죽음의 공간이 지형적으로, 지역적으로 구분된 육지에서는 일상생활에서 무덤을 보기는 어렵다. 이는 농촌이라 하여도 마찬가지이다. 추석이나 묘사 때가 되어야 조상 무덤에 간다. 일 년에 한두번이다. 그 조차 요즘은 마지못해 간다. 젊은 사람들의 참석율은 갈수록 낮아진다. 부모들도 과거처럼 강요하지 않는다. 이로 인해 대부분의 무덤은 공간적으로도 고립되어, 외로운 곳에 버려진 채 있다. 반면 제주도 사람들은 일상에서 매일, 자주 접하는 것이 무덤이다. 일하러 가고 오면서, 집으로 오고 가면서 보는 것이 무덤이다.

제주의 무덤을 조사하기 전에 내가 가졌던 무덤에 대한 인식은 '죽음, 조상, 무서움, 공포 영화, 귀신, 산, 벌초' 등이 주였다. 그런데 제주 무덤을 조사하는 과정에 여러 사람들을 만나면서, 제주 무덤에 대한 나의 인식은 '밭, 놀이터, 마을, 죽음, 조상' 등으로 바뀌었다. 같은 무덤인데 위치에 따라 인식의 차가 컸다. 무덤의 위치가 삶과 죽음의 인식에도 영향을 미친 것 같다. 무엇이 삶에 영향을 미쳐 학습되고, 오랫동안 이어진다면 그것은 하나의 문화가 된다. 이 같은 의미에서 보면 제주도의 무덤은 육지에서 볼 수 없는 제주만의 독특한 문화이다. 그런데 제주만의 독특한 무덤 문화가 사라지고 있다. 답사를 하다보면 산담만 덩그렇게 남겨진 채 이장된 무덤들을 자주 본다. 마치 폐허처럼 남아 있다. 제주도 전통적 무덤 경관에 관심을 갖고 지역 주민들과 얘기를 하다보면 마을에 있는 무덤을 개발을 막는 장애 요인으로 취급하는 경우도 종종 본다. 무덤 이장을 위한 알림판도 곳곳에 있다.

그림 165는 유명한 식당 앞에 있는 무덤 이장 안내판이다. 식당 앞에 있는 무덤은 이상한 것이 아니라 독특한 제주만의 문화이다. 그것을 보러 오는 것은 아니지만 그것을 통해 제주만의 문화를 본다. 이 때문에 제주의 무덤은 외지인들에게 부정적 인식을 주는 것이 아니라 제주를 제주의 맥락에서 인식하도록 하는 매개체이다.

제주만의 무덤 경관은 화산 지형, 난대림, 용천 등과 더불어 제주를 제주답게 만드는 또 하나의 문화 경관이다. 제주만의 독특한 무덤 경관을 보전하고, 활용할 때 비로소 제주다운 지속가능한 개발도 이루어진다. 그렇지 못한 것 같아 안타까움은 배가 된다.

그림 165 ❙ 무덤 이장 공고

제주를 제주답게 만드는 문화 경관은 무덤만이 아니다. 용천 역시 중요한 제주만의 문화 경관이다. 무덤보다 육지 사람들에게 더 많이 알려진 것이 용천이다. 사실 제주의 무덤은 그다지 알려져 있지 않다. 이 때문에 관심이 없거나 주위 깊게 보지 않으면 문화 경관으로서 무덤은 보이지 않는다. 반면 용천은 무덤보다는 아는 사람이 많다. 고등학교 지리 시간에 언급되는 주제 중 하나가 용천이기 때문이다. 제주도 취락이 해안가에 밀집하는 이유를 용천으로 설명한다. 그래서 올레길에서 만나는 용천에 대해 아는 척을 하거나 자신이 아는 수준에서 이야기하기도 한다.

그림 166 | 화북 포구 용천(큰짓물)

이런 문화적 위치를 갖는 용천이 그림 166에서 보듯이 방치되듯이 남아있다. 파래와 같은 해조류가 용천을 덮고 있는 경우가 많다. 쓰레기가 수거되지 않고 방치된 경우도 종종 본다. 한마디로 관리가 되지 않는다. 관광객들이 이런 용천을 보러 오지 않는다.

또 다른 문제점은 용천의 안내판 내용이 지나치게 간단하다는 점이다. 안내판에는 용천의 정의가 제시되어 있다. 정의는 의미를 압축하여 표현한다.

> 용천수란 빗물이 지하로 스며든 후에 대수층을 따라 흐르다 암석이나 지층의 틈새를 통해 지표로 솟아나는 물을 의미한다.

위에 제시한 것은 용천 안내판에 있는 내용이다. 용천의 정의이다. 이 내용을 이해하는 핵심은 두 가지이다. 하나는 대수층의 의미 이해이고, 다른 하나는 지하수 발생 메카니즘 이해이다. 그것이 될 때 전후 문장의 의미가 이해된다. 따라서 현재와 같은 용천 안내판의 내용을 이해하려면 용천에 대한 이해가 이미 상당한 수준에 있어야 한다.

그림 167 ǀ 조천항의 용천 소개 안내판

용천이라는 단어를 처음 들어본 사람들도 있을 것이고, 용천을 처음 본 사람들도 있다. 용천이 무엇인지 모르는 사람도 많다. 그런데 용천은 제주 사람들, 특히 제주 여성의 삶을 이해하는 핵심이다. 이런 의미를 갖는 용천인데 그에 대한 설명은 지나치게 압축적이다. 이조차 없이 용천의 이름만 제시해 둔 곳도 많다.

이 같은 문제를 해결하기 위해서는 용천 안내판의 내용이 지금보다 상세해야 한다. 안내판에는 용천의 특징과 발달 과정, 그리고 용천과 제주 사람들의 생활의 관계를 보다 세심하게 제시할 필요가 있다. 용천 안내판에 용천을 사용하던 옛날 사진과 설명을 붙여두고, 용천의 발달과 관련된 지질 사진과 설명을 붙여두면 용천에 대한 이해가 보다 쉬워질 것이다. 이런 안내판이 마을의 중심에 한 두 개쯤은 있으면 좋다. 용천에 대한 이해가 달라지면 제주도와 제주 사람들의 삶에 대한 이해도 달라진다. 아는 만큼 보고, 보이는 만큼 본다. 알도록, 보이도록 하는 것이 관광 안내판이다. 올레길을 따라 늘어나는 카페와 식당만큼은 아니라도 올바르게, 친절하게, 세심히 안내하는 것이 곧 제주를 사랑하도록 만드는 길이다. 제주를 제주의 맥락에서 이해할 수 있을 때 비로소 제주를 올바르게 사랑하게 된다.

Ⅲ

제주의 숲, 곶자왈

1

곶자왈의 의미와 발달

제주도를 답사하면서 처음 보고, 처음 듣는 것이 한두 가지가 아니다. 첫 답사에서 '환해장성과 연대'라는 듣도 보도 못한 관방시설을 보았다. 제주도만의 무덤 특징도 처음 보았다. 이들은 2019년에 새로 생긴 것이 아니다. 환해장성은 고려시대부터, 연대와 산담은 조선시대부터 있었다. 그럼에도 알지 못한 것은 몰랐기 때문이다. 모르니 관심이 없었다. 아는 만큼 보고, 보이는 만큼 보니, 이미 알고 있는 것만 보였고, 그런 곳만 다녔다. 이러하니 오래전부터 제주도를 다녀도 환해장성과 연대, 그리고 제주도만의 무덤 특성을 알지 못했다. 보이지 않아서 못 본 것이 아니라 볼 수 없어서 보이지 않았던 것이다.

그림 168 ▎거문오름 전경(출처: 제주관광공사 공식 블로그)

거문오름에서도 같은 경험을 했다. 3월 22일 거문오름 답사에서 '곶자왈'이라는 이름을 처음 들었다. 오름은 수업 시간에 설명할 정도로 익숙한 지형인데 그 속에 있는 곶자왈은 처음이었다. 이날 답사의 목적은 한라산, 성산일출봉과 더불어 세계자연유산에 등재된 거문오름 용암동굴계의 출발지인 거문오름 화구 지형을 살피는 것이었다. 그런데 답사할수록 화구 내에 있는 숲에 더 많은 관심이 갔다. 식생들이 살아남기 위해 자신의 방식으로 존재하는 모습에 흥미와 호기심을 느꼈다. 독수리가 발톱으로 먹이를 잡고 있듯이 주상절리의 기둥을 잡고 있는 나무뿌리들을 보면서 생존의 간절함과 위대함을 보았다. 곶자왈 내에는 용암 터널이 붕괴되면서 생긴 숨골, 용암이 흘러갔던 용암 골짜기, 다양한 크기의 용암 암괴들이 있었다. 그런데 답사할수록 용암 지형보다 인간에 의해 관리되지 않은 원시적인 식생 경관에 더 많은 관심이 갔다.

그림 169 ❙ 거문오름 곶자왈에서 나무의 성장 모습

거문오름을 답사한 후 곶자왈에 대해 조사하였다. 지금은 보전을 위해 많은 사람이 노력하지만 1980~1990년대 까지 곶자왈은 쓸모없는 땅으로 취급받았다. 농사를 지을 수 없는 불모지로 인식하였기 때문이다. 이로 인해 대규모로 개발하려는 사람과 기업이 있었고, 행정기관에서조차 개발권을 마구 허가해주었다. 이것이 역설적으로 쓸모없는 땅으로 여겼던 곶자왈의 중요성과 보전의 필요성을 야기하였다. 곶자왈은 쓸모없는 땅이 아니라 제주도 지하수 함양 기능, 제주도 공기의 정화 기능, 한라산 및 해안 지역에 대한 환경적 완충 기능, 농 · 축 · 임산물의 생산 기능, 위락 기능을 가진 곳(정광중, 2004)이라는 것을 알게 되었기 때문이다. 이로 인해 현재는 여러 단체와 사람들이 곶자왈을 보전하기 위한 활동들을 한다.

제주도는 제주도만이 아닌 대한민국, 나아가 세계자연유산으로서 전 세계가 보전해야 할 지역이다. 2018년에 제주도에 온 관광객 수는 1,430만 명이 넘는다.

이는 제주 도민의 20배가 넘는 수이다. 이들은 카페와 맛집, 멋진 해안 풍경, 익히 알려진 곳들은 찾아다니지만 곶자왈은 잘 모른다. 이는 2017년 제주도 통계에서도 알 수 있다. 제주도를 방문하는 내국인들에 대한 관광 인식 조사 결과, 식도락(맛집 여행)에 참여하는 사람이 74.6% 인데 비해 산, 오름, 트레킹에는 48.0%만 참여한 것으로 나타났다. 맛집이 산, 오름, 트레킹보다 훨씬 중요하게 인식되는 것이 제주도 관광의 현실이다. 산, 오름, 트레킹 활동에 곶자왈이 어느 정도 포함되는지는 알 수는 없다. 그러나 한라산과 오름, 올레길을 트레킹하는 사람들에 비해 곶자왈을 탐방하는 사람은 외견상으로도 보아도 비교가 되지 않을 정도로 적다. 가뭄에 콩나듯이 오는 곳이 곶자왈이다. 이런 현실에서 연간 제주도 관광객들 중 1/10이라도 곶자왈의 보전에 동의하면 그 수는 제주도민의 2배가 된다. 곶자왈의 보전에 적극성을 띠는 관광객이 전체의 1/20이라도 그 수는 제주도민보다 많다. 이들이 곶자왈 보존에 보다 적극적으로 공감하여 동참하려면 무엇보다 먼저 곶자왈의 의미와 가치를 알아야 한다. 알아야 오게 되고, 아는 만큼 보게 되고, 아는 만큼 이해하게 된다. 이 때 비로소 제주도민뿐만 아니라 관광객들도 곶자왈을 보전해야 할 가치로운 곳으로 인식하면서 행동한다. 그런데 외지인들이 제주도에 첫 발을 딛는 공항에서조차 곶자왈에 대한 안내가 없다.

1) 곶자왈은 무엇인가?

제주도 방언인 '곶'이라는 말과 '자왈'이라는 말은 옛날부터 사용하였지만 이들을 합성하여 '곶자왈'이라 부른 것은 2000년대이다(윤용택, 2014, 31).

서로 다른 의미의 단어들이 합성되면 새로운 의미가 창출된다. 돌다리는 '돌과 다리'라는 독립적 의미의 단어들이 합쳐져 '돌로 만든 다리'가 되고, 공부방은 '공부와 방'이라는 각각의 용어가 합쳐져 공부를 목적으로 하는 방이라는 새로운 의미의 합성어가 된다. 같은 맥락에서 보면 곶자왈은 돌다리나 공부방과는 달리 새로운 의미의 용어가 생긴 것이 아니라 유사한 의미가 합쳐져 의미가 보다 구체화 된 합성어라 할 수 있다. '울창한 숲'이라는 곶과 '잡목이나 가시덤불이 우거진 곳'이라는 자왈(윤용택, 2014)은 내용적으로 유사하다. 그런데 곶과 달리 자왈은 숲의 성격을 규정한다. 곶이 단순히 숲을 의미한다면 자왈은 숲을 구성하는 식생의 특성을 규정한다. 따라서 '곶자왈'이라는 숲의 성격을 결정하는 것은 '자왈'이다. 마치 돌다리와 공부방의 성격을 결정하는 것이 합성어의 뒷쪽 단어인 다리와 방인 것과 같다. 결국 곶자왈은 '숲은 숲이되 잡목이나 덤불처럼 식생들이 뒤엉겨 우거져 있는 숲'이라는 뜻이다. 이런 의미의 곶자왈은 사려니 숲이나 절물 자연휴양림과 같이 계획적으로 조림한 숲이 아니라 거친 식생들이 자연그대로 자라서 빽빽하게 우거져 있는 숲이다.

그림 170 ▌식생이 밀집한 곶자왈 경관(애월 곶자왈)

왜 곶자왈은 사람이 접근하기 힘들 정도로 식생이 우거진 상태로 방치되었는가? 곶자왈 면적은 제주도 전체의 6.1%이다(전용문 외 4인 2012, 427). 이 정도 면적인데도 개발되지 않았다는 것은 무슨 이유가 있다. 만약 곶자왈이 개간할 만한 충분한 가치가 있는 땅이었다면 오래 전에 여러 방법을 동원하여 거친 식생을 제거하였을 것이다. 그렇게 하지 않았다는 것은 그럴만한 가치가 없는 땅, 즉 불모지로 인식하였다는 뜻이다. 개간할 만한 가치가 없는 불모지라는 것은 식생의 특성에도 이유가 있지만 보다 근원적으로는 식생이 자라는 땅에 문제가 있다. 이는 곶자왈은 농경지로 개간하기에는 엄두가 나지 않거나 개간하여도 경작지로 활용할 만한 가치가 없는 그런 땅이라는 뜻이다.

제주도는 섬 전체가 용암으로 구성되어 육지에 비해 땅이 거칠다. 그리고 제주도의 형성 시기는 육지와 비교할 수 없을 정도로 젊다. 현재와 같은 형태의 우리나라 지형 발달에는 수천만년이 소요 되었지만 현재의 제주도를 만든 육상에서의 화산활동은 40여 만년에 불과하다. 이 같은 시간적 차이와 지질적 특성으로 젊고 거친 제주도에서 경작지로 개간이 어렵다는 것에는 두 가지 의미가 내포되어 있다. 하나는 요철이 심한 땅이라는 것이고, 다른 하나는 토양층의 발달이 아주 미약하다는 것이다. 곶자왈은 이 두 가지 모두를 갖고 있다.

곶자왈에는 높이가 수 m에 이르는 용암 언덕들이 곳곳에 있다(그림 171 참조). 용암이 흘러갔던 곳인 용암 도랑(그림 172 참조)이 곳곳에 있으며, 지표는 다양한 크기의 용암 암괴들로 덮여 있거나 대지성 용암들로 되어 있다(그림 173, 174 참조). 이런 지형을 인간의 힘으로 개간하는 것은 거의 불가능하다. 기술이 발달하지 않았던 과거에는 더욱 그러하였다. 이 뿐만 아니라 젊은 제주도에서도 가장 젊은 용암 지역이 곶자왈이어서 토양층 발달이 아주 미약하다. 이로 인해 곶자왈의 용암 지대를 인간의 힘으로 평탄하게 한다하여도 토양 발달이 미약하여 경작지로 활용하기 어렵다. 토지의 활용 가치가 낮을 수밖에 없다. 이런 이유들로 곶자왈은 개간되지 않고 방치되었다. 이것이 오늘날 원시림 같은 곶자왈의 식생 경관을 만들었다.

그림 171 | 용암 언덕(선흘 곶자왈)

그림 172 | 용암 통로를 따라 발달한 계곡(거문오름 곶자왈)

그림 173 Ⅰ 용암 암괴들로 덮인 지표면(거문오름 곶자왈)

그림 174 Ⅰ 용암 대지성 곶자왈 지표(제주도립곶자왈공원)

그림 175 ▎용암으로 덮여 있는 곶자왈 지표면 경관(제주도립곶자왈공원)

2) 왜 곶자왈이 되었는가?

제주도는 화산 활동으로 발달했기 때문에 거의 모든 지역은 용암과 화산 쇄설물들로 덮여 있다. 이런 지역을 인간은 개간하여 농경지, 목장지, 주거지로 활용한다. 그럼에도 곶자왈 지역이 개간되지 않는 것은 앞에서 살펴보았듯이 요철이 심하고, 토양 발달이 미약하기 때문이다. 이 같은 특성은 곶자왈을 만든 용암류의 분출 시기와 관련 깊다.

곶자왈은 제주도에서 가장 어린 용암으로 되어 있다. 조천 곶자왈은 약 11,000년, 애월 곶자왈은 약 10,400년, 한경 곶자왈은 약 6,000년, 교래 곶자왈은 약 8,000년, 안덕 곶자왈은 약 5,000년, 구좌-성산 곶자왈은 약 9,400년(안웅산, 최형순, 2016. 안웅산 외 4인, 2015)전에 분출한 용암류들이다. 이처럼 곶자왈의 대부분은 10,000년 전후의 아주 젊은 용암으로 되어 있다. 인간의 시간에서 보면 10,000년은 아주 긴 시간이지만 지질의 시간에서 보면 10,000년은 갓 태어난 아이 같은 수준이다. 이는 곶자왈에 토양층이 발달하기에는 시간이 매우 짧다는 의미이다. 이로 인해 곶자왈의 지표 자체가 용암인 곳이 많다. 이런 특성으로 제주도의 밭에서는 돌을 골라내지만 곶자왈은 흙을 골라내는 것이 더 빠를 정도로 돌이 많다.

만약 곶자왈의 용암류의 연대가 수만년 혹은 수십만년이 넘는다면 현재와 같이 보전될 가능성은 낮다. 오랜 시간의 풍화로 인해 토양층은 지금보다 훨씬 두껍게 퇴적되었을 것이고, 용암 암괴들을 생산하는 용암 언덕도 침식에 의해 낮아지면서 지금보다 곶자왈의 요철은 완화되었을 것이다. 곶자왈의 지형이 이러하였다면 경작지가 부족한 제주도에서는 이미 곶자왈을 개간하여 경작지로 활용하였을 가능성이 높다. 이로 볼 때 곶자왈이 개간되지 않은 것은 토양층 발달이 어려운 '젊은 용암류(안웅산, 최형순, 2016)'라는 것이 중요한 이유이다. 이와 더불어 기복이 심하고, 경사가 급한 지형 또한 곶자왈을 만든 중요한 이유라고 할 수 있다(안웅산 외 4인, 2015).

결국 곶자왈은 아주 젊은 용암류로 덮여 있어 토양 발달이 미약하고, 다양한 크기의 용암 암괴들로 덮여 있으며, 지형 기복이 심하여 개발이 되지 않고 풀, 나무, 덩굴 따위가 무성하게 뒤섞여 어지럽게 엉클어져 있는 숲이라 정의할 수 있다. 정의에서 볼 수 있듯이 곶자왈은 지형적 · 지질적 특성으로 인간의 개입이 최소화된 숲이라 할 수 있다.

이 같은 의미와 특성을 가진 곶자왈은 고도적으로는 600m 이내에 주로 분포하고, 지역적으로는 동부 지역에 38.1%, 서부 지역에 32.8%, 남부 지역에 18.4%, 북부 지역에 10.7% 분포한다(송지호, 2014, 3). 해발 600m 이하에 분포하는 곶자왈이 해안에서 600m 고도 사이 전체 면적에서 차지하는 비율은 14.5% 정도이다(정광중, 2004, 49).

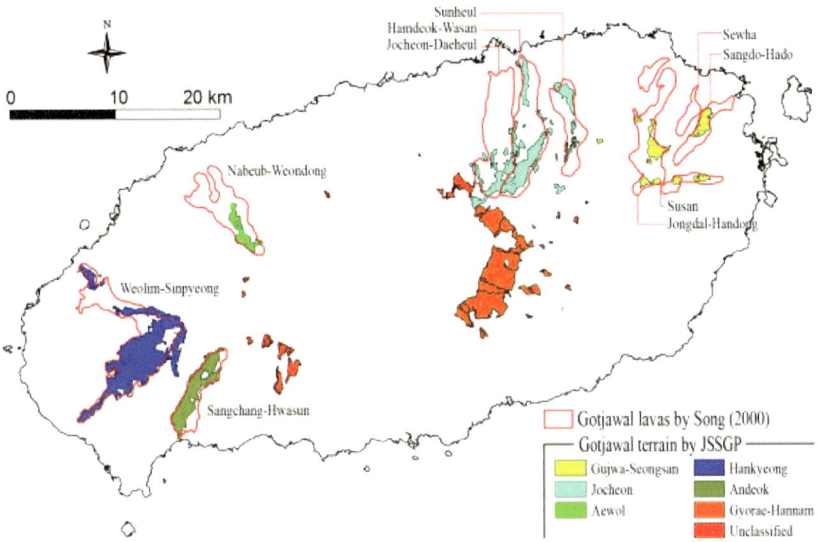

그림 176 ▎곶자왈 분포도(출처: 안웅산 외 4인, 2015, 3)

2

곶자왈의 가치

1990년대까지 쓸모없는 땅으로 인식되어 민관(民官) 모두가 개발을 서두르던 곶자왈이 제주의 허파, 제주 지하수 생성의 원천, 제주 생태의 보고 등 다양한 이름으로 재평가되고 있다. 이로 인해 곶자왈 보전의 필요성과 중요성이 강조되고 있다. 이런 가운데 곶자왈의 가치로 강조되는 것은 제주도 지하수 함양 기능, 제주도 공기의 정화 기능, 한라산 및 해안 지역에 대한 환경적 완충 기능, 농·축·임산물의 생산 기능, 위락 기능(정광중, 2004)등이다. 물론 이 때의 곶자왈 규모는 관광객들이 탐방하는 곳보다 훨씬 넓다.

그런데 제한된 장소에서, 짧은 시간으로 탐방하는 관광객들에게 곶자왈은 보존할만한 가치로운 곳이라고 주장하려면 그곳이 타 지역에 비해 월등히 높은 어떤 가치를 가져야 한다. 곶자왈이 아니면 안 되는, 혹은 곶자왈에서만 가능한, 또는 곶자왈이 타 지역에 비해 같은 기능을 월등히 높게 가져야 한다.

이 같은 측면에서 보면, 곶자왈의 가치로 제시한 5가지 기능 중 지하수 함양 기능과 한라산 및 해안 지역에 대한 환경적 완충 기능은 타당성이 아주 높다. 반면 다른 기능들, 특히 농·축·임산물의 생산 기능, 위락 기능은 '곶자왈만의 특징이냐' 라는 점에서는 의문이 든다. 이들 두 가지 기능은 곶자왈 지역에서 월등히 높거나 곶자왈에서만 관찰 가능한 특성이 아니기 때문이다. 이는 곶자왈 지역이 제주도 전체에서 차지하는 비율이 약 6.1%(전용문 외 4인 2012, 427)에 불과한 점에서 보아도 그러하다. 정광중(2004)이 제시한 곶자왈의 5가지 가치

중 나머지 한가지인 공기의 정화 기능은 높은 가치와 낮은 가치의 중간적 성격을 갖는다. 이는 다음과 같은 이유 때문이다. 원시림적 경관을 갖는 곶자왈 속에 들어가면 공기 정화 기능이 이해가 되고, 곶자왈이 '제주도의 허파'라는 주장에 고개가 끄덕여진다. 그런데 곶자왈을 나와 제주도를 다니면 생각이 바뀐다. 곳곳이 식생으로 우거져 있기 때문이다. 제주도 전체에서 곶자왈이 차지하는 면적으로 보아도 그러하다. 이런 문제들로 곶자왈의 가치를 관광객들에게 정확히 이해시키기 위해서는 다른 지역과 구분되는 곶자왈만의 특징적 가치를 명확히 제시해야 한다. 제주도에서 곶자왈이 차지하는 위치와 제한된 탐방 지역과 탐방 시간 때문에 특히 그러해야 한다.

곶자왈은 한라산, 일출봉, 올레길 등과는 비교가 되지 않을 정도로 알려져 있지 않다. 이 같은 곶자왈을 탐방하는 시간은 앞에서 언급하였지만 대개 1~2시간 정도이다. 탐방하는 장소는 곶자왈의 특성을 가장 잘 나타내는 원시림적 경관을 갖춘 곳이다. 한정된 시간과 장소에서 곶자왈의 중요성을 탐방객들이 이해하려면, 답사 동안에 곶자왈만의 특징이 뚜렷이 보여야 한다. 보여야 판단하고 이해할 수 있다. 그것이 다른 지역에서 보기 힘든 곶자왈만의 특성을 간직한 것일 때 이해는 더욱 커진다. 그 때 비로소 왜 곶자왈이 중요한지, 곶자왈을 왜 보호해야 하는지를 이해하게 된다.

이 같은 측면에서 보면 곶자왈이 타 지역에 대해 가지는 우월적 가치로는 첫째, 지하수 함양의 핵심 지역, 둘째, 제주에서 가장 젊은 용암 지역에 발달한 제주 숲의 원초적이고 생태적인 특성을 가진 지역, 셋째, 한라산 및 해안 지역에 대한 환경적 완충 기능 지역 등을 들 수 있다. 이들 세가지 가치에 공기 정화 기능은 부수적으로 포함된다.

1) 지하수 함양의 보고

1998년 3월에 출시한 삼다수는 한 때 점유율 50%를 넘나들 정도였다. 초기보다 점유율이 떨어졌지만 현재도 우리나라 전체의 생수 판매의 40.2%를 차지하는 생수 시장의 절대 강자가 삼다수이다. 삼다수의 시장 점유율은 2위인 롯데 아이시스(12,3%)의 3.3배에 해당될 정도로 높다(뉴스1, 2019.6.7, 헤럴드경제, 2019.5.27.). 압도적 1위를 차지하는 생수 시장의 점유율에서 알 수 있듯이 제주도 지하수인 삼다수는 제주도민을 포함한 우리나라 전 국민의 물이다.

생수는 수돗물을 만드는 강물과 달리 지하 수백m의 암반층에 있는 물이어서 깨끗하고, 안전한 물로 인식된다. 이 때문에 우리나라 사람들에게 '제주도 물이 우리나라에서 가장 좋다, 제주도는 우리나라에서 가장 깨끗하다, 제주도는 맑고 깨끗한 지하수가 풍부하다'라는 인식이 형성되어 있다.

지하수는 강수 또는 강물과 호수의 물이 지하로 스며들어 불(난)투수층 위의 대수층 속에 저장된 물이다. 그런데 제주도에는 강물과 같은 지표수가 거의 없다. 이 때문에 제주도 지하수의 원천은 거의 대부분이 강수이다. 강수가 지하수가 되려면 우선 지표를 투과해야 한다. 따라서 지표의 투과율이 크면 클수록 지하수 생성율은 높아진다.

표 3 I 중산간 지역의 지하수 함양과 관련된 주요 투수성 지질 구조의 분포*

구분	개소	면적(km^2)	비율(%)
숨골	180	6.7	4.6
용암동굴 및 듀브	7	1.4	0.9
함몰지	78	2.9	2.0
절리계 발달 지역	360	34.7	23.6
용암류 접촉 지역	186	17.2	11.7
곶자왈 지역	**88**	**79.1**	**53.8**
클링커층 발달 지역	67	4.6	3.1
스코리아층 발달 지역	4	0.4	0.3

자료 출처: 정광중, 2004.

표 3은 제주도 지하수 생성의 핵심 지역인 중산간 지역의 지형 특성별 지하수 함양과 관련된 지질 구조 분포율이다. 제주도에서 강수가 지하로 스며들기 좋은 곳은 용암 표면이 거칠게 발달한 클링커 지역, 암석에 균열이 생긴 절리계 지역, 함몰지, 동굴, 숨골, 물이 스며들기 좋은 입자 크기로 구성된 화산재인 스코리아층 등이다. 지하수 함양이 높다는 것은 이들이 많은 지역이라는 뜻이다.

표에서 볼 수 있듯이 지하수 함양에 좋은 투수성 지질 구조 비율이 가장 높은 곳은 곶자왈이다. 이곳은 53.8%가 투수성이 높은 지질 구조로 되어있다. 이는 곶자왈에는 앞에서 이야기한 클링커층, 절리계, 용암 동굴, 숨골, 스코리아 등이 대부분 있다는 것을 의미한다.

곶자왈의 용암 특징에서 살펴보았듯이 곶자왈의 용암은 제주도 전역에서 가장 젊다. 곶자왈 용암의 연대는 겨우 10,000년 전후이다. 이로 인해 수만년 또는 수십만년 전에 형성된 용암 지역이 침식으로 투수성 지질이 많이 사라지거나 토양들로 매적된 데 비해 곶자왈에는 용암 지형의 원래 모습이 남아 있다. 이는 곶자왈에서 용암이 흘렀던 통로인 용암 동굴, 이들이 붕괴되어 발달한 숨골과 함몰지 그리고 미약한 토양층 발달에서 알 수 있다. 이들 지형과 토양이 곶자왈의 지하수 생성율을 타 지역과 비교할 수 없을 정도로 압도적 우위를 갖도록 만든 요인이다.

이 같은 특성을 가지고 있는 곶자왈이기 때문에 이곳은 제주도를 넘어 우리나라 국민들이 안전하게 마실 생수의 공급을 위해서라도 '반드시' 지키고, 보전해야 한다. '반드시' 라는 부사를 강조한 것은 갈수록 지하수는 오염되고 지하수량은 감소하기 때문이다.

최근 조사에 의하면 제주도 지하수 함양율은 2003년 46.1%에서 2012년 44.5%, 2018년 40.6%로 줄었다. 지하수위도 점점 내려가고 있다. 반면 1인당 하루 물 사용량은 1999년 220.6L에서 2017년 313.3L로 42% 증가했다(중앙일보, 2019. 7.11). 이 뿐만 아니다. 최근 조사에 의하면 제주에서 지하수 함양에 필요한 산림과 초지, 농지 면적이 5년 사이에 45km^{2}나 감소했다. 이는 마라도 면적의 149배나 된다. 심지어 농지 지역의 경우, 시설 하우스까지 늘면서 지하수 함양 조건이 악화되고 있다. 지난 2016년 기준 도내 시설 하우스 전체 면적은 마라도 면적의 110배에 달한다(JIBS 뉴스, 2019.7.12.). 이뿐만 아니라 축산 폐수로 인한 지하수 오염도 심각한 문제이다. 제주도의 돼지 사육 밀도는 전국 평균의 3배에 이른다. 이로 인해 제주 서부 지역 최대 정수장인 제주시 한림읍 옹포수원지의 한림정수장이 단계적으로 수돗물 생산을 줄여 오는 2021년에는 폐쇄될 계획에 처해 있다(중앙일보, 2019. 7.11).

이런 현실에 제주도 지하수 생성의 핵심 터전인 곶자왈을 개발한다는 것은 지하수 생성의 핵심 원천을 파괴하는 것과 다를 바 없다. 물은 생명의 원천이다. 제주도 물의 원천은 지하수이다. 따라서 생명수인 지하수 확보라는 차원에서라도 곶자왈은 반드시 보전되어야 한다.

2) 개발의 완충지역

제주특별자치도에서 내국인을 대상으로 행한 제주도방문관광실태조사(2014~2018년)에 의하면 제주도 관광 시 목적지 선정에서 고려할 요인으로 응답자의 58.5%는 자연 경관을, 28.5%는 휴양/휴식을, 4.8%는 음식/미식 탐방을, 1.3%는 역사/문화유적/전통 문화 체험을 1~5 순위로 제시하였다. 제주도 여행 시의 방문지에 대한 조사에서 응답자의 92.8%는 자연관광지, 76.5%는 쇼핑, 23.3%는 문화 유적지, 20.7%는 박물관, 그리고 기타(50.3%) 순으로 제시하였다. 제주도에서 인상 깊었던 활동에 대한 순위 조사에서도 응답자의 45.9%가 자연 경관 감상을, 18.2%는 식도락(맛집 여행), 그리고 12.0%는 산/오름/올레길 탐방 순으로 응답하였다. 통계조사에서 알 수 있듯이 제주도를 방문하는 사람들이 가장 중요시 여기는 장소, 인상 깊은 활동, 만족스러운 장소 모두가 자연경관이다.

제주도의 자연 경관에는 한라산, 일출봉, 산방산, 송학산, 수월봉, 용두암, 외돌개, 대포 주상절리와 같은 교과서적인 화산지형도 있지만 사려니 숲, 비자림, 절물 자연휴양림과 같은 숲도 있다. 지역에 따라서는 식생이 자연경관의 중심인 곳도 있고, 식생과의 조화로 인해 자연경관이 더욱 돋보이는 곳도 있다. 그런데 사려니 숲과 절물 자연휴양림은 인간이 만들었다. 식물 스스로의 힘으로 발달한 숲이 아니라 인간이 인위적으로 가꾸고 돌보는 숲이다. 비자림 역시 인간이 관리한다. 이 때문에 이곳의 자연 경관은 자연과 인간의 협력에 의해 나타난다. 반면 곶자왈은 그 의미에서 보았듯이 제주도에서 가장 원시적인 숲이다. 화산 활동으로 발달한 제주도의 지형과 식생이 가장 자연스럽게 조화를 이루는 곳이 곶자왈이다. 이 같은 특성으로 곶자왈은 지형적 자연 경관과 식생적 자연 경관 모두가 자연 상태를 유지한다. 한라산 상층부를 제외하고, 지형과 식생이 자연적인 조화를 이루는 곳은 곶자왈이 유일하다고 할 수 있다.

한편 2018년 자료에 의하면 제주도를 방문하는 사람은 일년에 1,431만명이 조금 넘는다(중앙일보, 2019.7.8). 이들 중 인상 깊었던 활동으로 식도락(맛집 여행)을 꼽은 사람은 18.2%이다. 이 수치는 전체 관광객 중 250만명 정도에 이른다. 산/오름/올레길 탐방을 좋다고 한 사람들도 12%이다. 이는 전체 관광객 중 160만명이 넘는 수이다. 그래서 그런지 올레길을 따라 카페와 식당이 갈수록 늘어난다. 1,400여 만명이 머무를 곳이 필요하니 숙박업의 공급 과잉이라는 뉴스에도 불구하고 곳곳에 숙박 시설들이 건설되고 있다. 이들 대부분은 경치가 좋은 해안 지역에 있다.

최근에는 중산간 지역으로 위락 시설이 확대되고 있다. 그림 177은 고도 350m의 중산간 지역에 총 58만km^2(17여 만평) 부지로 건설 예정인 사파리형 제주동물테마파크 조감도이다. 이곳은 람사르 습지 보전 지역인 선흘 곶자왈 일대이다. 곶자왈 지역은 '제주도 지하수 생성의 핵심 지역이자 제주도의 허파'라고 불리는 지역이어서 환경오염을 걱정하는 지역 주민들의 반대가 심하다(한국일보, 2019.6.17).

그림 177 ❙ 제주 동물테마파크 조감도(출처: https://www.olchiolchi.com)

표 4 Ⅰ 제주도 인구 및 관광객 수의 년도별 변화

인구*		관광객**	
년도	수(천명)	년도	수(천명)
1949	255	1990	2,992
1960	282	1995	3,997
1970	358	2000	4,110
1980	463	2005	6,021
1990	515	2010	7,578
2000	513	2015	13,664
2010	532	2018	14,313
2019.5	695		

* 1949~2010년 인구수는 통계청 자료이고, 2019년은 제주특별자치도의 통계 자료임. **관광객은 제주특별자치도의 통계자료임.

위락 시설의 확대와 이에 따른 개발과 보전의 갈등은 인구와 관광객 증가로 볼 때 심각해질 가능성이 높다. 표 4에서 보듯이 제주도 인구는 지난 70년 동안 2.7배 증가하였고, 관광객 수는 18년 만에 약 5배가 증가하였다. 2018년에 제주도에 온 관광객 수는 제주도민의 무려 21배에 이른다. 인구수와 관광객의 증대는 개발을 가져오고, 이는 도시화 면적의 확대로 나타난다. 이는 1994년 122㎢이던 도시화 면적이 2016년 205㎢로 83㎢ 늘었는데 비해 산림은 1994년 931㎢에서 2016년 872㎢로 59㎢ 줄었다(중앙일보, 2019. 7.11)는 것에서 잘 알 수 있다. 개발이라는 이름 아래 자연이 파괴되고 있다. 이 같은 현상은 관광업이 경제의 핵심인 제주에서 직면할 수밖에 없는 문제라는데 심각성이 있다.

인구와 관광객의 증가로 인한 개발의 문제는 곶자왈에도 영향을 미칠 것이다. 제주동물테마파크 문제뿐만 아니라 2장의 용천에서 보았듯이 제주 취락의 대부분은 곶자왈의 약 50%가 분포하는 해발 200m 이하에 분포한다. 이는 200m 이하의 지역들은 오래 전부터 개발되었다는 뜻이자 200m 이하에 있는 곶자왈 지역 중 상대적으로 이용 가능한 지역은 개발되었을 가능성이 높다는 것을 의미한다.

그림 178 | 곶자왈의 위치(출처: 제주도립곶자왈공원 가이드북)

인구와 관광객 증가, 이로 인한 개발의 추세가 이어진다면 전체 곶자왈의 30.7%가 분포하는 해발 고도 200~400m 지역과 19.7%가 분포하는 해발 400~600m 사이의 곶자왈 역시 개발의 우려에서 벗어나기 쉽지 않다. 만약 해발 200~600m 사이의 곶자왈이 개발된다면 자연의 파괴는 더욱 가속화되고, 해발 600m 이상에서 나타나는 한라산 국립공원 앞까지 개발이 야금야금 이루어지게 된다. 따라서 곶자왈을 보전하지 못하면 해안에서 산간 지역까지는 개발이라는 이름 하에 자연은 파괴되고, 자연의 변형은 지속될 것이다. 이렇게 된다면 제주에서 자연 경관의 원형은 한라산 고산 지대를 제외하고는 남아있기 어려워진다. 자연 경관의 파괴는 필연적으로 지하수 오염과 지하수 생성율의 감소를 낳는다. 반면 곶자왈을 보전하면 중산간과 산간 지역으로 개발이 확산되는 것을 상당 부분 제어할 수 있다. 이는 제주도 자연의 원형을 지키는 길이자 맑고 깨끗한 지하수를 보전하는 길이다.

관광객들이 원하는 제주도의 자연경관은 변형되고, 훼손된 자연이 아니라 원래의 상태를 간직한 자연이다. 지하수를 오염시키고 생성률을 감소시키는 자연 경관의 파괴는 더더욱 원하지 않을 것이다. 따라서 제주도의 자연을 보전하는 것은 제주도민 뿐만 아니라 연간 1,400만명이 넘는 내·외국인을 위한 일이자 인간과 자연이 공존하는 길이다. 이런 맥락에서 보면 정광중(2004)이 언급했듯이 곶자왈은 해안 지역과 산간 지역 사이에 일정한 공간적 범위를 유지하면서 자연과 인간 활동 사이의 중요한 완충적 역할을 한다고 할 수 있다.

3) 해안에서 중산간 지역 사이 숲의 생태적 원형

일본인 지리학자 마수다 이치지가 1939년에 발표한 「제주도 취락의 지리학적 연구」에는 당시 제주도 식생 피복에 대한 내용이 있다. 1930년대 제주도 풍광에 대해 그는 '상부의 삼림 지대를 제외하면 거의가 나무가 없는 대지를 이루고, 화산암이 전도를 덮어 표토는 극히 얇고, 지상은 반사막의 경관을 나타낸다'(제주특별자치도, 2018)라고 기술하였다. 마수다 이치지가 기술한 1930년대 제주도 경관은 한라산의 낙엽활엽수를 이용하여 제탄을 만들어 일본에 반출할 계획하에 관주도의 대규모 벌채가 이루어졌다는 것에서도 알 수 있다. 산림의 남벌은 해방이후에도 지속되었다. 자유와 해방에 대한 잘못된 이해로 인한 주민들의 무분별한 도,남벌 그리고 1948년 4.3 사건 시 군작전상 대규모 벌채가 이루어졌다(제주특별자치도, 2006, 26).

그림 179는 상수도가 개발되기 전의 제주도 주민들이 물을 길러가는 모습이다. 1960년대부터 상수도가 개발되기 시작하였으니, 그림 179의 제주도 모습은 1960년대 또는 그 이전 시기로 추정된다. 그림에서 보듯이 오름으로 보이는 지역과 마을 주변에는 식생이 적어 거의 헐벗은 땅이나 다를 바 없다. 이상에서 볼 수 있듯이 1957년 연탄의 보급과 산림보호를 위한 강력한 단속이 이루어지기

이전의 제주도는 현재와 비교할 수 없을 정도로 나무가 적었다는 것을 알 수 있다.

그림 179 ❙ 상수도가 개발 이전의 제주도 식생 경관(출처: 제주 상수도개발 60년사)

이 같은 사실로 미루어볼 때 현재의 제주도 식생은 한라산 고산 지역을 제외하면 인공적으로 조림한 곳이 많다. 따라서 오늘날 제주도를 대표하는 사려니 숲과 절물 자연휴양림에서 볼 수 있는 잘 가꾸어진 삼나무, 소나무, 편백나무 숲은 계획적으로 조성된 숲이라 할 수 있다(그림 180, 181 참조).

그림 180 ❙ 1973년 절물자연휴양림 조림 모습(출처: 제주산림 60년사)

그림 181 ❙ 오늘날 절물자연휴양림 전경

그림 182 ❙ 곶자왈의 숲(선흘 곶자왈 경관)

그림 183 ❙ 사려니 숲의 삼나무

이런 특성으로 제주도를 대표하는 절물 자연휴양림과 같은 조림한 지역과 곶자왈은 차이가 크다. 그림 182와 183에서 보듯이 곶자왈에서 원시림적 자연경관을 본다면 절물 자연휴양림에서는 잘 가꾸어진 정원과 같은 자연 경관을 본다. 이 때문에 절물자연휴양림과 같은 조림한 숲을 화장한 얼굴, 또는 잘 차려입은 옷에 비유한다면 곶자왈은 화장하지 않은 제주 숲의 민낯이자 제주의 속살같은 숲이라 할 수 있다.

그림 184 ▌숯막의 잔재(선흘 곶자왈)

물론 곶자왈이라 하여 인간의 손이 애초부터 전혀 닿지 않은 것은 아니다. 곶자왈에서 볼 수 있는 숯을 구운 터와 숯을 굽기 위해 임시로 거주하였던 숯막 등에서 볼 수 있듯이 오랫동안 곶자왈의 나무들은 벌채되었다. 따라서 현재의 곶자왈 나무들은 벌채 후 다시 자란 맹아림의 성격이 강하다. 맹아림은 자연적으로 조성되고 성장한다. 따라서 현재의 곶자왈 숲은 그곳만의 지질, 지형, 기후,

다른 식생과의 관계에서 식생들 스스로 자신들의 생존 방법으로 성장했다고 할 수 있다.

이런 특성으로 곶자왈은 한라산 상층부를 제외하고는 제주도에서 가장 원시림에 가깝고, 가장 생태적인 숲이라 할 수 있다. 곶자왈에 들어가면 하늘과 땅이 보이지 않을 정도로 식생들이 빽빽이 우거져 있는 것도 발달 과정이 자연적이기 때문이다. 자연적이라는 것은 곶자왈이라는 환경에 적응하기 위한 식생들의 생존경쟁이 그만큼 치열하다는 것이다. 이런 과정으로 발달한 곳이 곶자왈이기 때문에 이곳에서는 정해진 길에서 벗어나면 미아가 될 정도로 숲이 우거져 있다. 마치 아마존의 밀림과 같다. 곶자왈에 들어서면 이곳에서 뿜어내는 산소로 머리가 맑아진다. 산소를 뿜어내고 지구 온난화의 주범인 이상화탄소는 흡수한다. '곶자왈이 제주도의 허파'라는 이야기가 틀린 말은 아니다.

이 같은 가치에 더하여 곶자왈은 제주도에서 가장 어린 용암 지역에 발달한 숲이라는 점 또한 중요하다. 곶자왈의 용암은 10,000 전후에 형성되었다. 반면 곶자왈을 제외한 제주도에 있는 용암의 대부분은 지금부터 40만 년 전에서 2만 년 사이에 분출했다. 특히 제주도 지표면을 덮고 있는 대부분의 용암류는 10만 년 이내에 분출하였다(제주특별자치도, 2019). 이 같은 차이로 곶자왈에는 아직 풍화되지 않은 원지형들이 많이 남아있다. 곶자왈의 곳곳에서 볼 수 있는 숨골, 용암 도랑, 용암 언덕, 용암 암괴원 등이 그들이다. 또한 최근에 형성된 지형이어서 토양 발달도 아주 미약하다. 토양층이 두껍고, 비옥하지 않을 뿐만 아니라 침식의 초기라서 요철 지형이 많은 곳에서 발달한 숲이 곶자왈이다. 이는 곶자왈은 화산 활동의 초기 지형에서 식생들이 어떻게 성장하는지를 이해하는데 아주 중요한 장소라는 의미이다.

이 같은 특성을 가진 곶자왈은 비유하면 생태 박물관과 같다. 현재 제주 식생, 특히 해안에서 400m 사이의 식생들의 가장 자연스러운 초기 모습을 곶자왈에서 볼 수 있기 때문이다. 한 나라, 한 지역의 과거를 보전하는 곳이 박물관이다. 그곳의 유물들을 통해 과거와 현재를 연결하면서 '우리'라는 존재를 이해한다.

곶자왈은 제주 숲의 박물관과 같다. 제주 숲의 과거와 현재를 연결하는 곳이 곶자왈이라 할 수 있다.

뉴질랜드 크라이스트처치에는 영국인들이 뉴질랜드에 이민 왔을 당시의 숲을 보전해 놓은 '리카톤 부시'라는 공원이 있다. 크라이스트처치의 대부분이 개발되었지만, 이곳은 160여 년 전의 크라이스트처치의 자연을 그대로 간직하고 있다. 사람들은 이곳을 통해 160여 년 전의 크라이스트처치를 상상한다. 곶자왈도 같은 기능이다. 곶자왈을 통해 수천, 수백년 전의 해안에서 고도 400m 사이의 제주 숲의 모습을 상상할 수 있다. 이런 가치를 가진 곶자왈이 훼손되거나 사라진다는 것은 제주 숲의 역사를 살필 장소가 사라지는 것과 같다.

그림 185 Ⅰ 뉴질랜드 크라이스트쳐치의 리카톤 부시

3

곶자왈의 답사 대상

곶자왈의 핵심 가치는 크게 세 가지이다. 하나는 지하수 함양과 관련된 가치이고, 다른 하나는 개발의 완충지역으로서의 가치이며, 나머지 하나는 제주 해안에서 중산간 사이 숲의 생태적 원형을 간직한 지역으로서의 가치이다. 그리고 부차적으로 이들과 관련하여 제주도의 허파로서 가치가 있다. 이들을 곶자왈의 특징적 가치로 제시한 것은 앞에서 이야기하였듯이 1~2시간의 답사 시간과 제한된 답사 지역에서 곶자왈의 의미와 가치를 명확히 이해할 수 있는 것이 이들이기 때문이다.

곶자왈의 네 가지 가치는 밀접한 관련 속에 영향을 주고받는다. 이들 가치의 핵심 토대는 식생과 지형이다. 원시림적 식생은 생태적 원형을 갖춘 숲을 만들고, 개발의 완충지 역할을 하며, 제주도의 허파가 된다. 이것을 가능하게 한 것은 곶자왈의 지형이다. 그리고 곶자왈의 지형과 식생은 곶자왈 최고의 가치인 지하수 생성의 원천이다. 따라서 곶자왈 답사는 지하수 생성의 핵심 토대로서 지형과 곶자왈의 지형에 따른 식생, 두 가지를 대상으로 할 필요가 있다.

1) 지하수 함양 지형

곶자왈에서 지하수 생성의 핵심 요소는 식생과 지형 두 가지이다. 이들과 지하수 함양의 관계는 다음과 같다.

비가 지표에 떨어지면 빗방울의 충격으로 토양 입자들은 공중으로 떠올랐다가 땅으로 떨어진다. 이 때 떨어지는 토양 입자들은 토양의 공극을 메운다. 강수를 흡수할 공극이 메워지면 토양이 흡수할 강수의 양은 줄어든다. 이는 지표의 상태가 어떠하냐에 따라 토양의 강수 흡수율이 달라진다는 뜻이다. 지표 상태에 따른 토양의 강수 흡수 순서는 나무가 많은 곳, 초지, 나지 순이다.

식생의 피복과 토양의 강수 흡수의 관계를 좀 더 구체적으로 보면 다음과 같다. 삼림으로 덮인 유역과 삼림이 벌채되어 나지가 된 유역의 경우, 강우가 절정기일 때의 유출량은 나지 쪽이 10배 이상이나 커진다. 같은 기간의 전체 유출량도 나지 쪽이 커진다. 삼림 벌채 때는 삼림 토양이 파헤쳐지거나 단단하게 밟혀지거나 하여 토양의 구조가 어지럽혀지게 된다. 그러면 땅속으로 침투할 수 있는 빗물의 양은 최악의 경우 5분의 1 이하까지 감소한다. 천연활엽수는 1시간당 약 270mm의 물을 침투시킬 능력이 있다. 그러나 심하게 벌채된 뒤의 토양은 1시간당 약 50mm밖에 침투시키지 못한다. 초지의 경우 흡수율은 170mm/시간 정도이다. 땅속으로 침투하지 못한 빗물은 경사면을 흘러 내려가 단숨에 강물의 수량을 증가시킨다. 삼림 벌채 면적이 클수록 그 피크 때의 유출량이 증가하고, 홍수의 규모도 커진다(Newton, 2001).

곶자왈은 하늘과 땅이 보이지 않을 정도로 식생이 밀집해 있다. 비가 와도 비를 맞지 않을 정도이다. 이는 비가 지표면의 토양을 거의 파괴하지 않는다는 뜻이다. 얕은 토양층이지만 울창한 식생과 지표를 덮고 있는 부엽토 등으로 토양층은 파괴되지 않는다. 이 때문에 곶자왈에 내리는 비는 거의 온전히 지하로 투수한다. 곶자왈이 지하수 함양의 핵심 지역인 1차 이유는 식생의 밀집이다.

곶자왈의 식생이 지하수 함양율을 높이는 외부 조건이라면 곶자왈의 용암 지형은 지하수 함양과 직접적으로 관련된 내부 조건이다. 지하수가 지하로 투수하는 실제적인 장소가 용암 지형이기 때문이다. 곶자왈에는 주변 오름에서 분출한 용암이 흘러내리면서 만든 다양한 지형들이 있다. 이들 중에서도 지하수 함양에 특히 중요한 영향을 미치는 지형은 다음과 같다.

곶자왈에서 가장 눈에 띄는 지형은 용암 언덕이다. 이것은 용암류의 냉각 차이로 발생한다. 용암류의 표면과 내부는 냉각 속도가 다르다. 공기와 접촉하는 표면부는 빨리 냉각한다. 표면부가 냉각하면 이동 통로가 좁아진다. 공급되는 용암류의 양은 유사한데, 이동하는 공간이 축소되면 용암류의 흐름은 지체된다. 공급 속도와 이동 속도 간에 균형이 깨어지면서 용암류는 특정 지점에서 위로 밀려올라간다. 이렇게 발달한 지형이 용암 언덕이다. 이 때문에 이곳은 주변보다 높은 언덕 같은 지형이 된다.

용암 언덕의 표면은 냉각 시 수축 활동으로 많은 절리들이 발달한다(그림 188, 189 참조). 절리들은 식물 뿌리 작용과 동결과 융해의 반복으로 틈이 벌어지면서 시간이 갈수록 절리의 폭은 넓어진다. 이곳으로 강수가 지하로 스며든다.

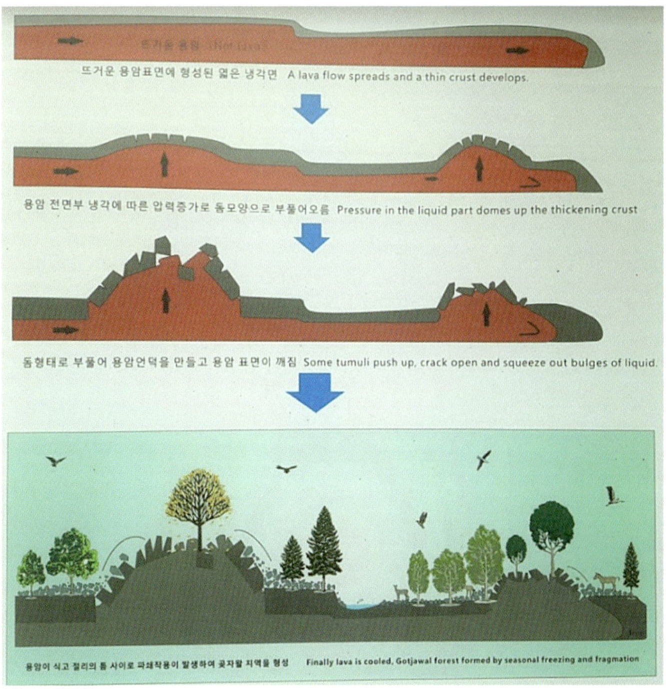

그림 186 ❙ 용암 언덕의 발달 과정(출처: 선흘곶자왈 안내판)

그림 187 ❙ 선흘 곶자왈의 용암 언덕 1

그림 188 ❙ 선흘 곶자왈의 용암 언덕 2

그림 189 ▎용암의 절리(좌: 선흘 곶자왈, 우: 제주도립곶자왈공원)

용암이 흘렀던 곳이 용암 언덕이기 때문에 이곳의 내부는 다양한 크기의 암괴들로 쌓여 있을 가능성이 높다. 이는 용암 언덕의 절리들이 지하로 연결될 가능성도 높다는 것을 의미한다. 따라서 용암 언덕을 덮은 암괴들의 절리는 곶자왈에 내린 강수가 지하로 스며드는 주요한 통로의 역할을 한다고 할 수 있다.

곶자왈에서 지하수가 함양되는 일반적인 장소인 용암의 절리들은 암석에 발달한 좁고 가는 틈이다. 이 때문에 투수할 수 있는 강수의 양은 제한적이다. 만약 암석에 발달한 절리의 틈이 넓고, 그것이 지하 깊은 곳으로 연결된다면 절리로 스며드는 양과는 비교할 수 없을 정도의 많은 물이 지하로 스며든다. 이것을 가능하게 하는 지형이 '숨골'이다. '풍혈'이라고도 불리는 제주어인 숨골은 용암판과 판 사이를 채우고 있는 클링커가 제거되고, 용암판의 하부 용암 암괴가 절리를 따라 붕괴되어 만들어진 최대 50cm 내외의 조그마한 용암 동굴이다(한국지질자원연구원, 제주발전연구원, 2019, 114). 그림 190에서 볼 수 있듯이 절리와는 비교가 되지 않는 넓이의 숨골에는 짧은 시간에 많은 양의 물이 지하로 투수한다. 이 때문에 숨골은 제주 지하수 함양의 일등공신이라 할 수 있다.

그림 190 ▎곶자왈의 숨골(제주도립곶자왈공원)

지하수 함양의 최적지인 숨골과 유사한 지형들이 곶자왈 곳곳에 있다. 이들과 용암 동굴의 관계가 명확하지 않지만 형태적으로 보면 절리적이라기보다는 숨골적이다. 그림 191에서 보듯이 외견상으로는 보아도 넓고 긴 틈이 있고, 이들은 지하로 연결된 것으로 추정된다. 이 같은 형태와 구조로 볼 때 이곳으로도 많은 양의 물이 곶자왈의 지하로 투수할 것으로 보인다.

그림 191 ❙ 곶자왈의 숨골류 지형들(상: 제주도립곶자왈공원, 하; 선흘 곶자왈)

용암 동굴의 표면이 무너지면서 발달한 원형에 가까운 함몰지도 있다(그림 192 참조). 이것은 용암 동굴 천장의 얇은 부분이 붕괴되면서 발달한 것이다(전용문 외 4인, 2012). 그런데 이곳에는 그림에서 보듯이 함몰지에 돌들이 쌓여 있다. 이 때문에 숨골처럼 용암 동굴과 직접 연결되지는 않는다. 그러나 지형 특성상 원형의 함몰지에는 주변으로부터 강수가 집중적으로 몰려들고, 이들은 돌을 투과하여 용암 동굴로 흘러들어간다. 이 때문에 함몰지 역시 지하수 함양에 중요한 역할을 한다.

함몰지와 발생 맥락은 유사하지만 형태적으로 차이가 나는 지형 중 하나가 '용암 협곡 또는 용암 도랑'이라 불리는 지형이다. 이곳 역시 용암 동굴의 천정이 얇고 불안정하여 작은 충격에도 쉽게 무너지면서 아래로 오목한 붕괴 도랑의 형태로 발달하였다. 따라서 용암 함몰구가 좁은 범위에 국한된 지형이라면 용암 도랑(또는 협곡)은 형성 과정은 동일하지만 수십m에서 수백 m에 이르는 길이로 인해 지형의 연장성에서 차이가 있다(전용문외 4인, 2012). 용암 도랑은 비가 오면 물이 흘러가는 통로 역할을 한다. 따라서 이곳은 강우 시에 물이 몰려들고, 그 하부에는 붕괴된 용암 동굴이 있어 이곳으로도 많은 양의 물이 지하로 스며든다. 이런 기능으로 용암 도랑은 곶자왈의 핵심 지하수 생성 장소 중 하나이다.

그림 192 Ι 곶자왈의 함몰지(선흘 곶자왈)

숨골과 숨골류의 지형, 용암 함몰지와 용암 도랑(협곡)들은 모두 용암 동굴과 관련된다. 즉 숨골, 용암 함몰지, 용암 도랑들이 지하수 함양의 핵심 지형인 것은 그곳에서 용암 동굴을 통해 많은 양의 빗물이 빠른 속도로 지하로 들어가기 때문이다. 이런 관계에서 보면 용암 동굴은 곶자왈에서 가장 중요한 지하수 함양 지형 중 하나라고 할 수 있다.

곶자왈은 아아 용암과 파호이호이 용암, 두 지역 모두에서 나타난다. 점성이 강한 아아 용암 지역의 곶자왈에는 요철이 큰 지형과 지하수 투수율이 좋은 클링커와 절리가 발달한다. 이런 특성으로 아아 용암으로 된 곶자왈에서는 고도가 낮은 지역으로 지하수가 모이고, 그곳의 용암에 발달한 클링커와 절리를 통해 많은 양의 물이 지하로 투수한다. 점성이 적어 멀리 고르게 이동하는 파호이호이 용암 지역은 상대적으로 평탄한 지형이 발달한다. 그러나 파호이호이 용암은 특성상 용암 동굴이 발달한다. 선흘곶자왈에 도틀굴, 목시물굴, 대섭이굴 등 3개의 용암 동굴이 있는 것도 이 지역이 파호이호 용암 지역이기 때문이다. 용암 동굴이 발달했다는 것은 이와 관련된 숨골, 용암 함몰지, 용암 도랑 등의 발달이 양호하다는 뜻이다. 이 뿐만 아니라 파호이호이 용암 역시 용암 표면에는 절리와 균열이 발달한다. 따라서 파호이호이 용암의 곶자왈 또한 강수 함양에 더 없이 좋은 지역이다.

그림 193 ▌곶자왈의 용암 협곡 또는 용암 도랑(거문오름)

그림 194 ❙ 용암 동굴(선흘 곶자왈의 도틀굴)

그림 195 ❙ 용암 동굴(선흘 곶자왈의 목시물굴)

2) 곶자왈 생태 특성

(1) 판근 현상

곶자왈에서 볼 수 있는 생태 특성 중 하나는 판근 현상이다. 이것은 그림 196에서 보듯이 나무뿌리가 땅 위에 평판 모양으로 넓게 노출된 것이다. 이 같은 현상은 모든 곶자왈에서 볼 수 있는 공통적 특징으로 토양층이 거의 발달하지 않은 곶자왈에서 살아남기 위한 식생들의 적응 방식, 말하자면 곶자왈 지형에 특화된 생존 방식이다.

주지하다시피 곶자왈은 제주도에서 가장 젊은 용암 지역이어서 지형의 요철이 심하고, 토양의 발달이 미약하다. 이로 인해 곶자왈의 지표 대부분은 용암 암괴로 덮여있거나 용암대지성으로 발달했다.

나무들은 뿌리를 토양 속으로 깊게 내려 몸을 지탱하고, 물을 섭취 한다. 그런데 곶자왈의 나무들은 토양 발달이 미약하여 땅 속 깊이 뿌리를 내리기 어렵다. 이 같은 환경에 살아남기 위한 방식은 크게 두 가지이다. 하나는 뿌리를 지표를 따라 넓게 펼치는 방식이고, 다른 하나는 바위를 단단하게 잡는 방식이다.

대표적인 판근 현상은 나무줄기를 중심으로 뿌리들이 사방으로 멀리 뻗어나가는 것이다. 토양층이 발달하지 않은 곶자왈에서 나무들이 안정적으로 서 있기 위해서는 지표면을 따라 여러 방향으로 뿌리들이 멀리 뻗어나가면서 지표면을 강하게 붙잡아야 한다. 뿌리가 넓고 길게 뻗으면 그것을 통한 수분의 흡수도 최대화할 수 있다. 이 역시 곶자왈 만의 독특한 뿌리 흡수 작용이다. 곶자왈의 나무뿌리 깊이와 넓이의 관계는 뽑혀진 나무들에서 추론 가능하다. 그림 199와 200의 나무뿌리 깊이는 30cm 전후이다. 반면 뿌리의 폭은 2~3m에 이른다. 이로 볼 때 뿌리의 횡적 규모가 종적 규모의 10배 가까이 된다는 것을 알 수 있다.

판근 현상은 나무의 크기에 따라 지표면에 노출된 뿌리의 규모가 달라진다. 나무가 작을 때는 뿌리가 가늘기 때문에 넓고, 멀리까지 뿌리가 뻗는다. 반면 나무가 크면 클수록 뿌리가 발휘해야 할 지지 작용을 위한 에너지도 커진다. 이로 인해 그림 197에서 보듯이 큰 나무들의 뿌리는 마치 아나콘다나 코모도도 마뱀의 다리처럼 엄청나게 굵다. 하체 근육을 발달시키듯이 나무를 지탱하기 위해 뿌리가 강하게 발달시켰다.

그림 196 ❙ 판근 현상 1(선흘 곶자왈)

그림 197 ❙ 판근 현상 2(선흘 곶자왈)

그림 198 ❙ 판근 현상 3(교래 곶자왈)

나무 뿌리가 지표면을 따라 횡적으로 뻗는 판근 현상도 있지만 뿌리가 용암 덩어리(용암괴)들를 단단하게 잡으면서 나무를 안정적으로 지탱하는 방식으로 뿌리의 지지 작용을 한다. 이런 경우는 그림 198에서 보듯이 대개 용암 암괴의 높이와 폭이 수m에 이를 정도로 상당한 규모일 때 나타난다. 암괴가 단단하고 안정적이기 때문에 뿌리는 횡적으로 뻗어나가기 보다는 암괴들을 단단하게 붙잡는 것으로 나무를 안정적으로 성장시킨다.

곶자왈에 강한 태풍이 불면 뿌리가 얕은 나무들은 뽑혀 쓰러지기도 한다. 선흘 곶자왈에는 이런 나무들이 곳곳에 있다. 한 장소에 세 그루의 나무가 뽑혀 있는 경우도 있다. 그런데 쓰러진 나무들은 뿌리가 뽑혔음에도 불구하고 죽지 않고 자란다. 이 같은 현상은 곶자왈의 나무 뿌리들이 지표면을 따라 넓게 발달하기 때문에 나타난다. 즉 태풍으로 뿌리가 뽑혀도 어떤 특정 방향의 뿌리는 여전히 땅을 붙잡고 있다. 이곳의 뿌리를 통해 수분을 공급받으면서 나무들은 끈질기게 생존한다. 뽑혀진 뿌리에서 새로운 줄기가 자라기도 한다. 이 또한 곶자왈다운 생태 특성이다.

그림 199 | 뿌리가 뽑힌 상태로 자라는 나무(선흘 곶자왈)

그림 200 | 뽑혀진 나무뿌리에서 새롭게 자란 줄기(선흘 곶자왈)

(2) 식생과 생태

곶자왈의 지형은 요철이 심하다. 특히 아아 용암 지역의 곶자왈이 그러하다. 수 m에서 십 수 m의 비고가 차가 나기도 한다. 용암 덩어리들로 쌓인 높은 용암 언덕이 있는 반면 다른 쪽에는 용암 함몰지, 용암 골짜기와 같은 상대적으로 고도가 낮고, 와지성의 지형들이 발달해 있다. 지형의 기복은 장소에 따른 빛의 양의 차이를 가져온다. 골짜기나 와지 지역은 높은 지역의 식생들로 가로막혀 빛의 양이 적고, 용암 언덕 정상부나 상대적으로 고도가 높은 지역, 혹은 남향 지역은 빛의 양이 많다.

한편 곶자왈은 앞에서 살펴보았듯이 용암 동굴, 숨골, 용암 도랑, 용암 함몰지 등 지하수가 함양될 지형 조건이 중산간 지역에서 가장 좋다. 이로 인해 곶자왈은 다른 지역에 비해 습도가 높다. 여기에 빽빽이 우거진 식물들의 증산 작용이 더해지면서 공기 중의 습도는 다른 지역에 비해 더욱 높다. 식생의 밀집으로 빛이 적게 들어와 습도의 유지도 다른 지역에 비해 좋다. 지표에서 지하 깊숙이까지 쌓인 다양한 크기의 용암 암괴들은 지하수의 흡수 통로일 뿐만 아니라 외부 공기가 들어가고 나오는 통로 역할을 한다. 이 같은 특징으로 곶자왈은 여름은 주변보다 시원하고, 겨울은 주변보다 따뜻하다.

전술한 지형 특성으로 같은 곶자왈이라도 지역에 따라 빛의 양이 다르고, 습도가 다르며, 공기의 흐름과 온도의 차이가 생긴다. 이로 인해 지역에 따라 미시적인 기후 차가 발생한다. 이는 필연적으로 식생의 분포 차이를 낳는다. 빛이 적게 들어오면서 습도가 높은 곳은 이끼류와 같은 선태식물과 고사리와 같은 양치식물이 주를 이룬다(그림 201, 203 참조). 반면 상대적으로 빛이 많이 들어오는 지역에는 다양한 종류의 양지식물들이 자란다(그림 202 참조).

이들 식생 중에서도 곶자왈의 특성을 잘 나타내는 것은 이끼류와 고사리류이다. 요철이 심하고 식생이 밀집한 곶자왈에서 고도가 낮은 지역은 바람이 적게 불고, 공기 중에 습도는 높다. 이 같은 지역에 잘 자라는 것이 이끼류와 고사리류이다. 곶자왈에 자라는 양치식물의 종류는 107가지로 알려져 있다. 이는 제주도에 분포하는 양치식물의 약 70%에 해당된다(김대신 외 4인, 2012, 132). 이로 볼 때 제주도 양치식물의 대부분은 곶자왈에 있다고 할 수 있다. 곶자왈은 양치식물과 이끼류의 천국이라 할 수 있다.

그림 201 ❙ 곶자왈의 이끼류(교래 곶자왈)

그림 202 ❙ 빛이 많은 지역에 자라는 들깨와 레몬밥, 강아지 풀(교래 곶자왈)

그림 203 ❙ 곶자왈의 고사리(교래 곶자왈)

곶자왈 식생의 또 다른 특성은 상록활엽수의 분포이다. 곶자왈의 분포 위치는 해안에서 600m 이내이다. 특히 많은 곳은 200m 이내로서 이곳에 곶자왈의 약 50%가 있다. 그 다음은 200~400m 구간으로서 여기에는 전체 곶자왈의 30.7%가 분포한다. 이로 볼 때 제주 곶자왈의 80%가 400m 이내에 분포한다.

제주도 내에서의 곶자왈의 위치적 특징과 더불어 제주도는 우리나라에서 가장 남쪽에 있는 섬으로서 해양의 영향을 많이 받는다. 제주도에 가장 큰 영향을 미치는 해류는 쿠로시오 난류이며 제주에 직접 영향을 미치는 것은 쿠로시오에서 분류한 대마 난류이다. 이로 인해 제주도는 같은 위도의 육지에 비해 따뜻하다.

이 같은 지리적 특성으로 곶자왈에는 육지에서 보기 힘든 상록활엽수가 울창하게 우거져 있다. 대표적인 상록활엽수는 종가시나무, 동백나무, 녹나무, 구실잘밤나무 등이 있다. 이로 인해 낙엽활엽수도 있지만 수많은 상록활엽수로 인해 곶자왈은 겨울에도 푸르름을 유지한다. 제주도 북서쪽의 애월읍에 있는 애월 곶자왈(금산 공원)은 후박나무, 생달나무, 식나무, 종가시나무, 아왜나무, 동백나무, 메밀잣밤나무 등 난대림인 상록활엽수가 울창하게 우거져 천연기념물로 보전되고 있다.

그림 204 ▌난대 상록활엽수로 무성한 애월 곶자왈

이상의 곶자왈 식생의 특징으로 볼 때, 삼나무로 대표되는 식물들을 계획적으로 재배, 관리하는 휴양림이나 생태 공원과 달리 곶자왈의 식물들은 자신을 둘러싼 환경에 스스로 적응해 가면서 성장하였다. 상록활엽수, 그리고 이끼류와 고사리류로 대표되는 양치식물들이 곶자왈의 식생을 대표하는 것도 이들 스스로가 자신을 둘러싼 지역의 지형, 토양, 미기후에 적응하여 성장한 결과이다.

생물은 집단 내에서 개체 간의 상호관계뿐만 아니라 토양 환경, 대기조성, 기상 등의 자연환경과 밀접한 관계를 형성하면서 자기 종족을 유지해간다. 이들 관계에서 이루어진 동식물 집단의 생활 상태를 생태라고 한다(네이버 백과). 이 때문에 생태는 주변과의 조화로운 삶을 가장 중요시 여긴다. 곶자왈의 식물들도 주어진 환경에 그들이 조화롭게 적응한 결과이다.

곶자왈 답사에서 형성된 생태적 인식은 인간의 삶에도 적용된다. 환경과의 적극적 관계 속에 살아가는 식물들처럼 다른 지역의 사람들 삶을 그들의 환경적 맥락에서 이해하는 것이 그것이다. 이것이 되면 다른 지역과의 조화로운 관계도 가능해 진다. 조화에 토대한 평화로운 사회가 가능해 진다. 따라서 곶자왈의 생태 이해는 곶자왈에 국한되지 않고, 지역에 따른 인간의 삶, 그로 인한 문화적 차이를 이해하는 데로 나아간다. 궁극적으로는 보다 조화로운 세상을 만드는 데 기여한다. 이것을 가능하게 하는 곳이 곶자왈이다.

참고문헌

강창언, 1991, 제주도의 환해장성 연구, 탐라문화, 11집, 107-146.

강창화, 2000, 제주지방 매장문화재 발굴과 보전, 고문화, 56집, 215-245.

강창화, 정광중, 2014, 제주 선흘곶자왈 내 역사문화유적의 분포 실태와 특성, 한국사진지리학회지 24(1), 153-173.

건설교통부 국토지리정보원, 2004, 한국지리지 전라, 제주 편, 국토지리정보원.

고광민, 2018, 제주 생활사, 한그루.

고기원, 1997, 제주도의 지하수 부존 특성과 서귀포 층의 수문지질학적 관련성, 부산대학교 대학원 박사학위논문.

고기원, 2006, 제주도 지하수의 특성과 수자원관리(II): 제주 지하수의 수문지질학적 특성, 한국수자원학회지 39(8), 80-89.

고기원, 박준범, 강봉래, 김기표, 문덕철, 2013, 제주도의 화산활동, 지질학회지 49(2), 209-230.

권혁재, 1997, 지형학, 법문사.

김대신, 고석형, 김수경, 김종식, 강인보, 2012, 제주도 곶자왈지대의 식물상, 한국토양비료학회 학술발표 초록집, 132-132.

김명철, 2000, 조선시대 제주도 관방시설의 연구-3읍성과 9진성을 중심으로, 제주도사연구, 9집, 43-87.

김보한, 2016, 제주도 환해장성과 규슈 원구방루의 역사적 고찰, 한일관계사연구, 55집, 39-59.

김보한, 2017, 몽골의 고려, 일본 침공과 해안성곽의 성격에 대한 고찰, 한일관계사연구, 58집, 151-177.

김봉상, 함세영, 이충모, 옥순일, 차은지, 고영실, 2011, 제주도 화산암 광역적 수리지질과 지하수 분포 특성, 지질학회지 47(3), 263-276.

김상범, 박태희, 2011, 제주 묘지 경관의 구성 요소로 본 『동자석』의 쓰임새 및 상징성 분석, 한국전통조경학회지(?), 143-153.

김유정, 손명철, 2007, 제주의 무덤. 국립민속박물관.

김인호, 1995, 제주도 고분에 대한 일 견해, 제주도사연구, 4집, 215-245.

김일우, 2016, 조선시대 제주 관방시설의 설치와 분포 양상, 한국사학보, 65집, 285-317.

김태호, 1997, 제주도의 해안 지형, 탐라문화, 18권, 381-397.

송지호, 2014, 제주도 교래곶자왈 낙엽활엽수림 식생구조 특성 연구, 서울시립대학교 대학원 석사학위논문.

신정일, 2012, 새로 쓰는 택리지: 제주도, 다음 생각.

신효성, 2016, 조선후기 제주도 관방체계, 역사와 실학, 59집, 103-133.

안웅산, 최형순, 2016, 매우 젊은 곶자왈 용암류의 연대: 곶자왈 형성의 주요 원인, 지질학회지 52(4), 433-441.

안웅산, 손영광, 강순석, 전용문, 최형순, 2015, 제주도 곶자왈 형성의 주요 원인, 지질학회지 51(1), 1-19.

오창명, 2006, 제주도 연대 이름 연구, 지명학, 12집, 157-206.

윤용택, 2014, 곶, 자왈 곶자왈에 대한 인문학적 성찰, 제주도연구 41, 27-59.

윤용혁, 1994, 고려 삼별초의 제주 항전, 제주도연구 11, 41-82.

원종관, 1975, 제주도의 형성 과정과 화산활동에 관한 연구, 지학논집 1, 7-48.

제주관광공사, 2017, 제주관광 수용력 연구.

제주도, 1999, 제주의 물, 용천수, 경신인쇄소.

제주시 한국자치경제연구원, 2012, 제주시 방어유적: 연대, 봉수 조사 연구, 한국자치경제연구원.

제주특별자치도 민속자연사박물관, 2015, 제주의 방어 유적, 제주도특별자치도 민속자연사박물관.

제주특별자치도, 2006, 제주 산림의 어제와 오늘 제주 산림 60년사, 제주도인쇄정보산업협동조합.

제주특별자치도, 2017, 제주도 통계.

제주특별자치도, 2018, 제주 상수도 개발 60년사, 경신인쇄소.

제주특별자치도, 2019, 제주특별자치도지, 하나 C&C 출판.

전용문, 안웅산, 류준길, 강순석, 송시태, 2012, 제주도 곶자왈 지역에 대한 지질학적 고찰, 지질학회지 48(5), 425-434.

정광중, 2016, 제주도 생활문화의 특성과 용천수 수변공간의 가치 탐색, 국토지리학회지 50(3), 253-270.

정광중, 2015, 곶자왈의 과거, 현재, 그리고 미래: 곶자왈의 존재 방식에 대한 물음과 제언, 한국사진지리학회, 25(3), 15-32.

정광중, 2004, 곶자왈과 제주인의 삶, 제주교육대학교 논문집 33, 41-65.

조정권, 2015, 제주지역의 묘지 점유와 분쟁, 장서각, 34집, 1104-135.

(주)한국뉴턴, 2001, Newton, 17권 7호.
최영박, 1998, 인간과 물과 문명, 와우.
한국지질자원연구원, 제주발전연구원, 2019, 제주도 지질여행, 한국지질자원연구원, 제주발전연구원
http://www.culturecontent.com/main.do(한국콘텐츠진흥원 문화콘텐츠닷컴)
http://www.jeju.go.kr/index.htm(제주특별자치도)
https://ijto.or.kr/korean/(제주관광공사)
http://www.jeju.go.kr/museum/index.htm(제주특별자치도민속자연사박물관)
http://www.jeju.go.kr/jejuwater/index.htm(제주특별자치도상하수도본부)
http://jeju.museum.go.kr/html/kr/index.html(국립제주박물관)

송언근(宋彦根)

경북대학교 지리교육과 학사, 동대학교 대학원 석·박사
대구교육대학교 교수. 한국지리환경교육학회장
뉴질랜드 크라이스트처치 교육대학 연구 교수
《대구 신천 유로의 지형 발달》(2018)
《아는 답사에서 느끼는 답사로》(2018)
《지역 이해를 위한 전통향토음식 답사의 과정별 주요 요소 구성》(2017)
《1910년대 신천 좌안 충적평야의 하계망 특성》(2017)
《대구 신천 유로 변화의 지리학적 해석》(2017)
《이공제 위치와 대구 신천 분류 하천의 관계》(2017)
《답사 코스 개발을 통한 역사적 주제의 시·공간적 접근》(2016)
《사전조사가 탐구적 답사에 미치는 영향》(2016)

지리로 가는 제주의 역사, 문화, 생태 답사

2020년 1월 10일 1판 1쇄 발행
2020년 8월 25일 1판 2쇄 발행

지은이 : 송 언 근
펴낸이 : 한 정 주
펴낸곳 : 교육과학사

지은이와 협의하에 인지생략

경기도 파주시 광인사길 71
전화(031)955-6956~8/팩스(031)955-6037
Home-page: www.kyoyookbook.co.kr
E-mail: kyoyook@chol.com
등록: 1970년 5월 18일 제2-73호

낙장・파본은 교환해 드립니다.
Printed in Korea.

정가 17,000원
ISBN 978-89-254-1416-4